U0520148

重遇未知的自己

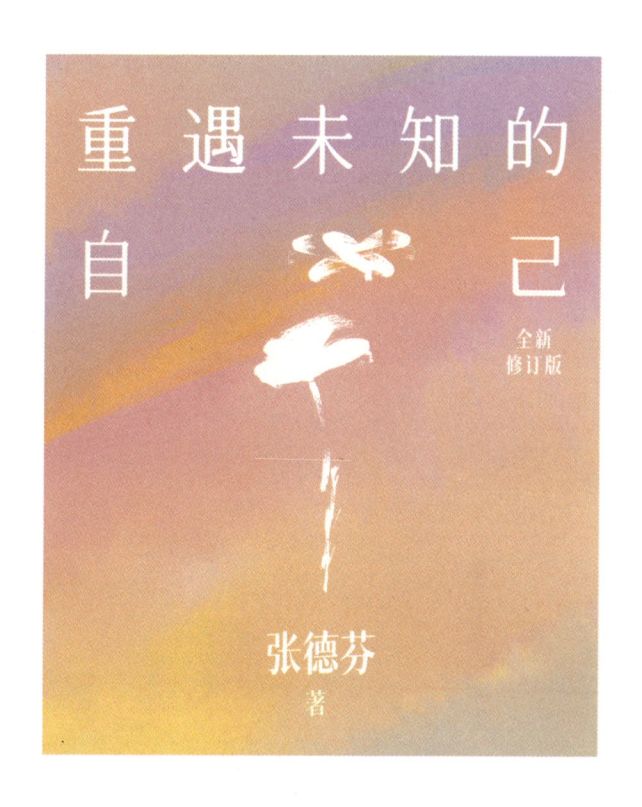

全新修订版

张德芬 著

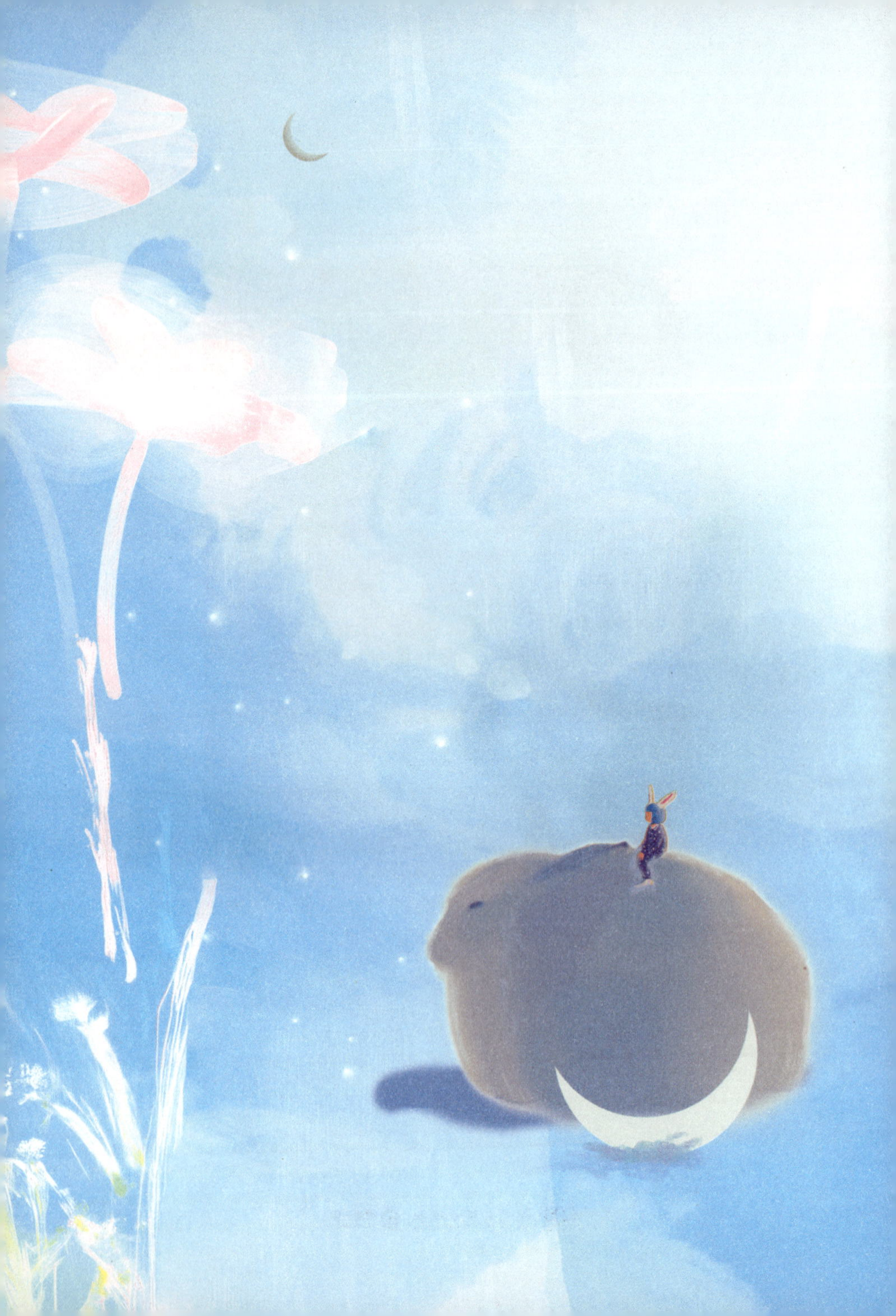

目录
CONTENTS

全新自序　1
前言　回首来时路　4

第一辑
快乐是一种选择
——你的心态决定你的幸福等级

为你的快乐负起责任　002
顺其自然地接纳，别问"为什么"　007
亲爱的，那不过是一个想法　010
记住，喜悦是消融负面情绪最好的光　015
人类最大的痛苦是什么　019
影响快乐的最大障碍　022
个人责任承担的层次决定你的快乐程度　026
把黑暗带到光明　031
我们一直都是命运的主人　035
如果身心灵是一栋房子　038
让至善的力量拥抱你的不舒服　041

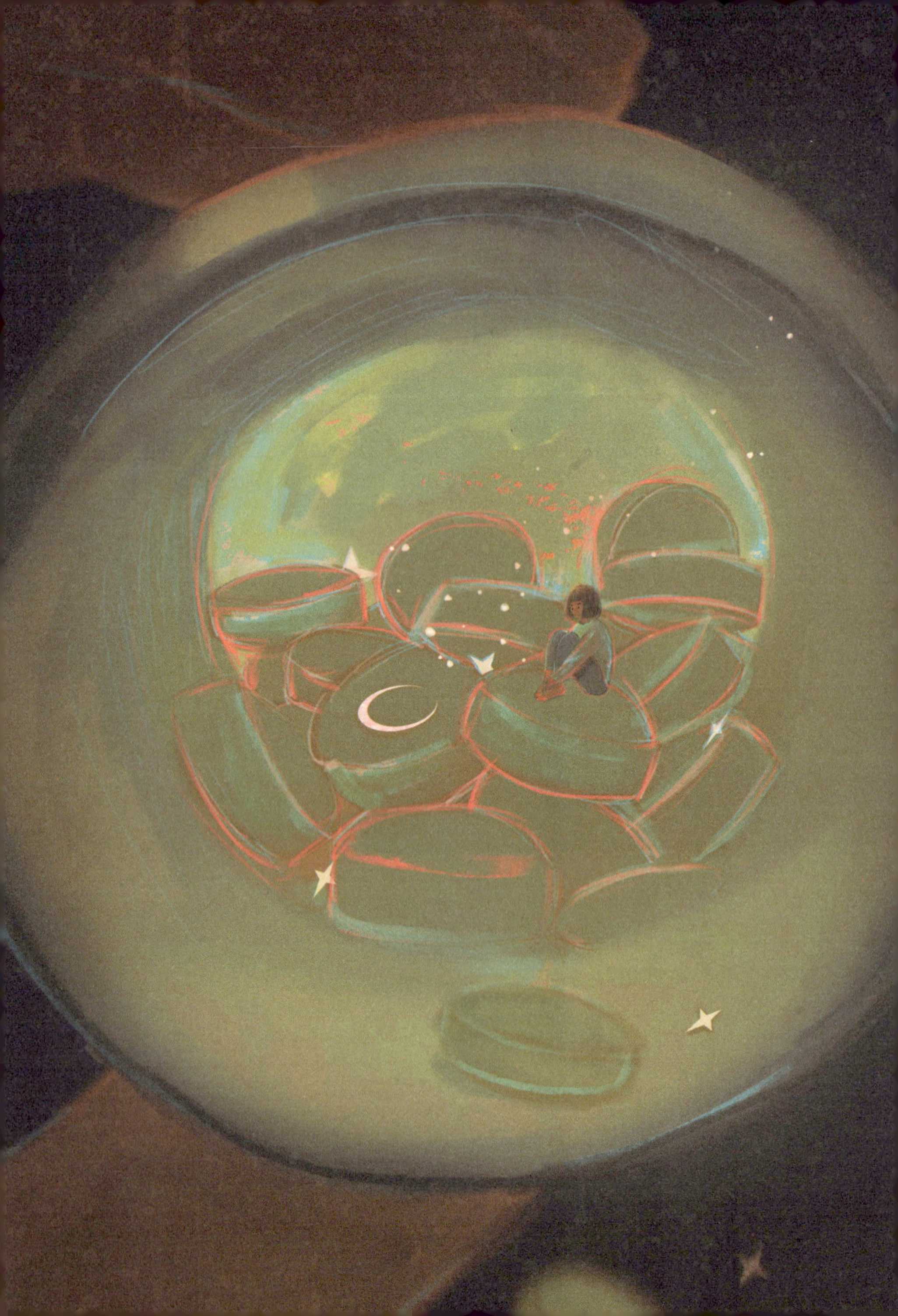

第二辑

找出"我是谁"
——唤醒被催眠的幸福

"我是谁"其实没有答案　046

没有你的故事,你是谁　049

放下你的故事,走出信念的阴影　053

阴影效应　058

人生究竟是怎么一回事　062

走出心中的牢笼,自在解脱　067

你和耶稣的差别在于,你拥有很多　070

第三辑

好好爱自己了吗
——学会听懂身体的"呐喊"

会痛的不是爱　074

怎能轻易说爱　077

我们都是巴士上的小丑　080

我们对爱的渴望　082

好好爱自己了吗　085

别人都是为你而来　089

别人身上的美好，其实你也拥有　092

学会愉悦地等待　095

停止做上帝　099

给自己一个发怒的机会　104

肃清生活的路障——身心灵的体察　107

觉照的光慢慢融化冰山　112

负责任地表达自己的情绪　114

内在空间的力量会影响你的外在　117

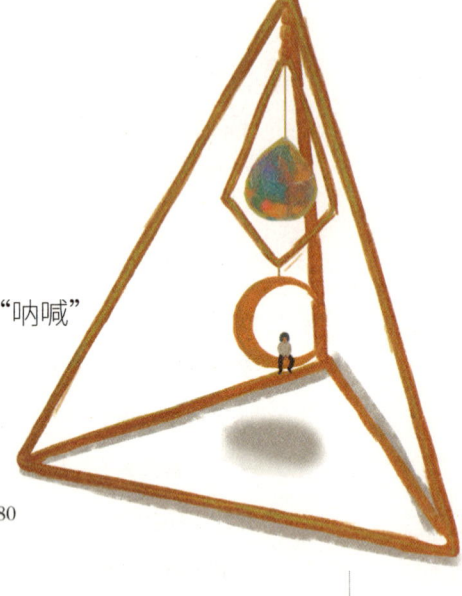

第四辑

幸福的门一直是敞开的
——让心头的能量自然地流动

如何看待人生大梦　122

负面情绪不过是生命能量的自然流动　125

谁能写出玫瑰的味道　128

90%以上的苦是没必要受的　130

人生不过是一场游戏　134

顿悟也需要一个过程　138

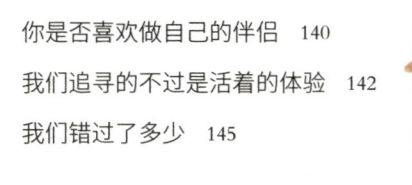

你是否喜欢做自己的伴侣　140

我们追寻的不过是活着的体验　142

我们错过了多少　145

第五辑

拥抱生活中的阴影
——活出一个你不知道的状态

我们来到这个世界的真正目的是什么　152

如何走出受害者牢笼　155

不放过你的是你的思想　160

行走在个人成长的道路上　163

无意识，人类一切祸乱的根源　167

唯一的敌人是你自己　171

如何化解两难的困境　174

要想全然地活，你必须先接受死亡　177

死亡的阴影　180

隧道的尽头就是礼物　182

每个人的心中都有两匹"狼"　187

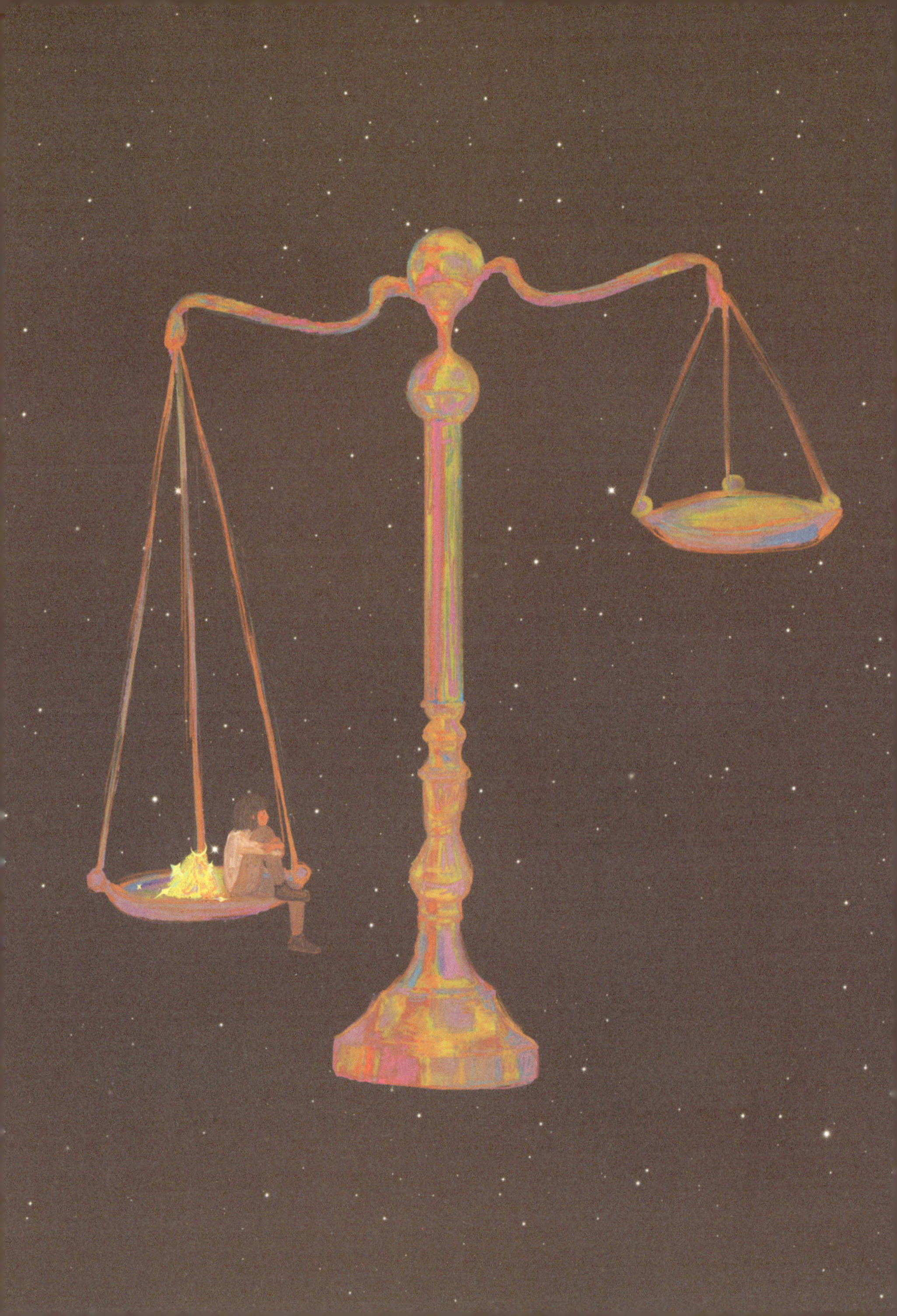

第六辑

最美妙的人生
—— 你完全可以让家人更幸福

怎样才算是真正有魅力的女人　192

真爱是需要冒险的　195

婚姻必修课——温柔的坚持　200

"我"需要你的爱,真的吗　202

给自己放一个婚姻长假　209

温柔的坚持和脆弱的要求　214

你能送给别人和自己的最好的礼物　220

任何时候都要做回自己　224

有条件的爱不如不爱　227

安住在眼前这一刻
—— 走进自己内心黑暗的地方,用爱去照亮它

看不见、摸不着的心理模式也许才是"搅局者"　232

我要自由,我要做自己　238

全新自序

记得 2011 年本书出版的时候,是我生命中的至暗时刻。曾经我引以为傲的婚姻,我特意挑选的伴侣,我苦心经营想要长长久久的关系,竟然碎成了千万片。看着一地鸡毛,我羞愧不已。那个时期,我不出席公开活动,不见朋友,当然也拒绝媒体的采访。然而,身为一个不断在心灵层面上成长的人,我还是常常记录了自己的生活见闻、感触、省思,最后以散文的方式形成了本书。

相较于前面三本"遇见"三部曲的小说形式(小说其实就是用故事来讲道理),这本书更多的是和读者分享我自己生活中遇到困惑、痛苦,进而自我反思、省察、学习之后的心得。多年之后,再次翻看这本书,依然觉得里面的智慧足以发人深省、拨乱反正、回到内心。

当今的社会,天灾人祸不断,令人非常怀念那个美好的 2019 年以及以前,人类的命运在那一年似乎经过了一个分水岭。此刻的各种动荡不安,让人心更加惶恐难耐。说实在的,我们的物质其实并不匮乏,但是大家都觉得"穷",是因为以前"富"惯了。以我们现有的生活

水平、收入，回到1980年，大家都会非常快乐。这说明人类的发展已经到必须要探索内心的关键时刻了，不能再寄望于外在的物质世界为我们带来所有的欢愉和满足，因为"世界"都已经变得完全不可测、不可控了。

如果你也意识到了这个问题，想往自己的内心探索，那么这本书可能就是一个很好的开始。你不必一次都将它读完，可以把它放在床边，临睡前不再刷手机了，而是拿起本书，探索里面的生活智慧、逻辑，它可以指出人性尤为黑暗的一面，但也给予了让你看到我们的生活迈向光明积极的可能性的机会。在这个惶惶不安的年代，让这本书成为你心灵可以停泊的港湾，陪伴你在崎岖的人生道路上，蜿蜒前行。

最后，和大家分享我最近看到的一段话，正代表了我此刻的心情：

记住一点：不要入戏太深，在这个三维空间呈现的一切都只是"相"而已，比如负债、失恋、分手、痛苦、焦虑等，其目的就是让你体验这些"相"的背后所带来的"感觉"。

当你体验后真正接纳了，所有的"相"自然都会消失。相反，如果你抗拒、不接纳，只会延长你体验的时间，加深你痛苦的感受。所有你心里不能接受的事，会一遍遍地来磨炼你，只有跳出小我，让自己成为觉知者，站在身外看着自己的经历，允许一切发生，看见、允许、接纳、放下，方可通关。

有些挫折是必须要经历的，有些人和事的突然出现，就是为了给你

全新自序

上一课，打破你，粉碎你，然后再重塑你，只有这样你才能不断升级自己，最终觉醒，意识自然会告诉你这一生该做什么，生而为人的意义便是如此。

这本书，基本上就是"通关秘籍"和"旅行指南"，在它的指引下，希望你能好好享受自己的人生之旅。祝福你！！！

2025 年初，杭州

前 言
回首来时路

　　回首来时路，一晃《遇见未知的自己》这本书出版已经四年了。回顾这四年来发生的点点滴滴，我不禁感慨人生旅程的丰富多彩，更是对生命充满了感恩。《重遇未知的自己：爱上生命中的不完美》一书就记载了我这四年来的生命轨迹。

　　《遇见未知的自己》于2007年在台湾出版后，获得了不少好评，但是当时在大陆几乎没有出版社对它感兴趣。然而后来的变化却令人跌破眼镜，这本书从出版到现在，一直是各大书店的畅销书，销量超过了一百万册。

　　回顾我这四年多来的心态，一开始我是很单纯地发心想和大家分享我学习个人成长的心得，这是毋庸置疑的。书出版之后，我非常关注自己的所作所为是否得到了大家的认同，也很在意书的销量和别人的评价。

　　记得当时的出版社不肯给这本书做任何营销活动，我就自己掏钱宴请北京十几个媒体记者吃饭，还到处派送书给朋友，希望我的书能广为流传。我也常常上网看排行榜和读者的回馈，并且在博客上尽心尽力地，几乎有问必答地回答网友的提问。后来，我接连出了其他几本书，分别是《遇见心想事成的自己》《活出全新的自己》，并且翻译了一些国外导师的著作：《新世界：灵性的觉醒》《修炼当下的力量》《找回你的生命礼物》等。那一阵子忙得不亦乐乎，可以说是多产期。这样汲汲营营地到了一个最高点之后，我突然开始放下了。

随着书的红火大卖，我在大陆的知名度暴增，被誉为"华语世界首席身心灵畅销书作家"。在各种场合，我每次都会碰到很多粉丝，他们对我的恭维和仰慕之情令我感到愧疚。在心灵深处，我觉得自己不配得到这样的爱戴，我开始感到羞愧。

而生命中发生的一件事严重挑战了我的传统价值观，让我的身心沉到了谷底。

在"谷底"的两年中，我拒绝了大部分媒体的采访，很不愿意公开露面，更不想和朋友们来往，几乎把自己关闭起来。当然，在夹缝中，我还是做了一些"有为"的事：简单地翻译了一些书，介绍一些老师到大陆授课，并且成立了一个身心灵的入门网站，叫"内在空间"（www.innerspace.com.cn）[1]。

成立这个网站的动机其实很简单，因为我觉得可以用书表达的个人成长概念以及能带给大家帮助的感悟，我已经做得差不多了。接下来，我要带读者去哪里呢？尤其是那些没有钱、没有时间上昂贵的个人成长课程的朋友，他们的个人成长需要什么样的协助呢？

因此，我把手中的资源整合起来，成立了一个内容丰富的个人成长

---

1. "内在空间"网站于2014年关站。

网站——"内在空间"。在这里,大家不但可以下载各式各样的好书、冥想录音等,还可以欣赏各种好听的疗愈音乐、电影。此外,网站每日还会更新不同的好文、静心小语。我更是找了好几位专家来主持"主题讨论"(亲密关系、亲子关系、吸引力法则、个人成长、生命关怀等),让大家在这些主题中能获得专家们的不同意见和指导。

同时,为了照顾偏远地区的朋友,我们还特地刊登了各地个人成长读书会的信息,将自己每次在公开场合的演讲录音、录像全都放在网站上,把对个人成长有兴趣的朋友们联结在一起,共同成长,一同研究,让不能亲临现场的朋友也能分享信息。

在忙着建立网站的同时,我一直没有间断地上个人成长课程,看各种个人成长书籍。而这整个蜕变成长的过程,就像我在《破碎重生》(台湾方智出版社出版)这本书的推荐序里面写的:

我最喜欢其中的一句话:当紧缩在苞芽中,终究比绽放更痛苦时,时机就成熟了。我们都希望生命是平稳顺遂的,然而,正是在人生的风浪颠簸中,我们才能重新定义自己,并且选择是要紧缩在花苞中,用安全模式运作我们的人生,还是愿意破茧而出,享受绽放之后的美丽。

当我从"谷底"慢慢爬出来的时候,我发现自己更有力量,更能够放下,看事、做人都更有远见了。但是,我低调地不愿意去描述、宣告自己现在的状态,因为怕"小我"重新回来掌控自己,让我再度坠入谷底。不过,我对名利的淡泊已经到一定程度了。

有个小故事可以概述我的心态:2011年春天,我去参加大陆的一个个人成长课程。上课的第二天,一位男士对我说:"德芬老师,昨天跟你只短短交流了几句,就给我很大的启发。"

我很好奇,因为我对他没有什么印象。所以,我问:"我跟你交流什么啦?"

他说:"我称赞你书写得好,你随口回答'没什么,东抄抄、西抄抄而已',我自己也在写书,但是连你这么成功的作家对自己的作品都这么不执着,我应该向你好好学习!"

其实不仅如此,有时候,我回头去看《遇见未知的自己》,自己都会怀疑当时是不是通灵写下来的,真的好像不是我写的。有位好友在背后批评这本书是"读书笔记",话传到我的耳里,我欣然接受。碰到粉丝很热情地对我称赞不已、感激不停的时候,我对他们给予的黄金投射(把自己隐藏的优点投射在另一个对象上)心里表示感激,看着他们,我没有愧疚,也不觉得不配得,只觉得他们在说的好像是另一个人,跟我无关。

然而,就在我觉得自己已经非常淡泊,心情平静而愉快的时候,老天的考验又来了。2011年夏天,在一次长途旅行中,我因为旅途困顿、时差难调而情绪失控,跟一个好朋友发生了激烈的冲突。事后我当然非常后悔,而周围目睹或耳闻事情经过的朋友也对我大加挞伐,不但没用同理心安慰我,反而用以偏概全的一些说法来辱骂我,我的心里受到了极大的打击。

而在事后的检讨、反省中,我突然明白了,不是你拜过多少老师,上过多少个人成长课,读了多少本书,念了多少万遍咒语,磕了多少头,做过多少大礼拜,或是静坐可以双盘多少小时,你就能够脱胎换骨般地开悟。最终你要面对的，还是自己心里的那些阴暗面和负面的人格特质。我骨子里的心高气傲、以自我为中心的狭窄视角，都是我忽视或是不愿意看到的。透过一些痛苦的情境和经验，老天会强迫你去面对这些你不想看到的东西。如果你还是逃避，你只会更加痛苦。

现在的我，只想让自己身体健康，愉快幸福，如是而已。而我要的"愉快幸福"不是建立在与其他人的关系或是基础上，而是要自己一个人能够自得其乐，过得开心。在看了《灵性炼金术》这本书后，我对"拯救他人"的情结几乎完全放下了。如果我觉得有人需要我拯救，我就是在制造受害者，就是剥夺了别人的力量和权益。当然，我还是可以做一些对他人有益的事，但我不执着于过程和结果，因为我的身后没有当"拯救者"的驱力了。

从顶着"台视主播""名校毕业"的光环在红尘中打转，到汲汲营营地成为畅销心灵作家，被人视为"个人成长导师"。现在的我，只想成为一名平凡的个人成长的实践者和分享者，如是而已。从绚烂归于平淡，就是我想要的人生。

然而，我还是非常感谢老天给我智慧写出了《遇见未知的自己》这本书，让它成为进入个人成长殿堂的入门经典之作，帮助了很多人，让他们开始用不同的眼光看待自己的人生，进而开始了个人成长的旅途。但是，其中受益最多的还是我，不仅名利双收，而且丰富了我的生命，也让我知道，当我有一天离开人世的时候，留下了一些有意义的痕迹。

人生至此，夫复何求？

德芬的话

我们太多次地以为那个让我们感到空虚的事物是外在的,因此一直在外徒劳无功地寻找。如果你愿意反观自身,回到自己的内在,陪伴自己,做自己最好的朋友,你会发现,你的内在空间加大了,内在力量增强了,而你的外在世界也会随之改变。

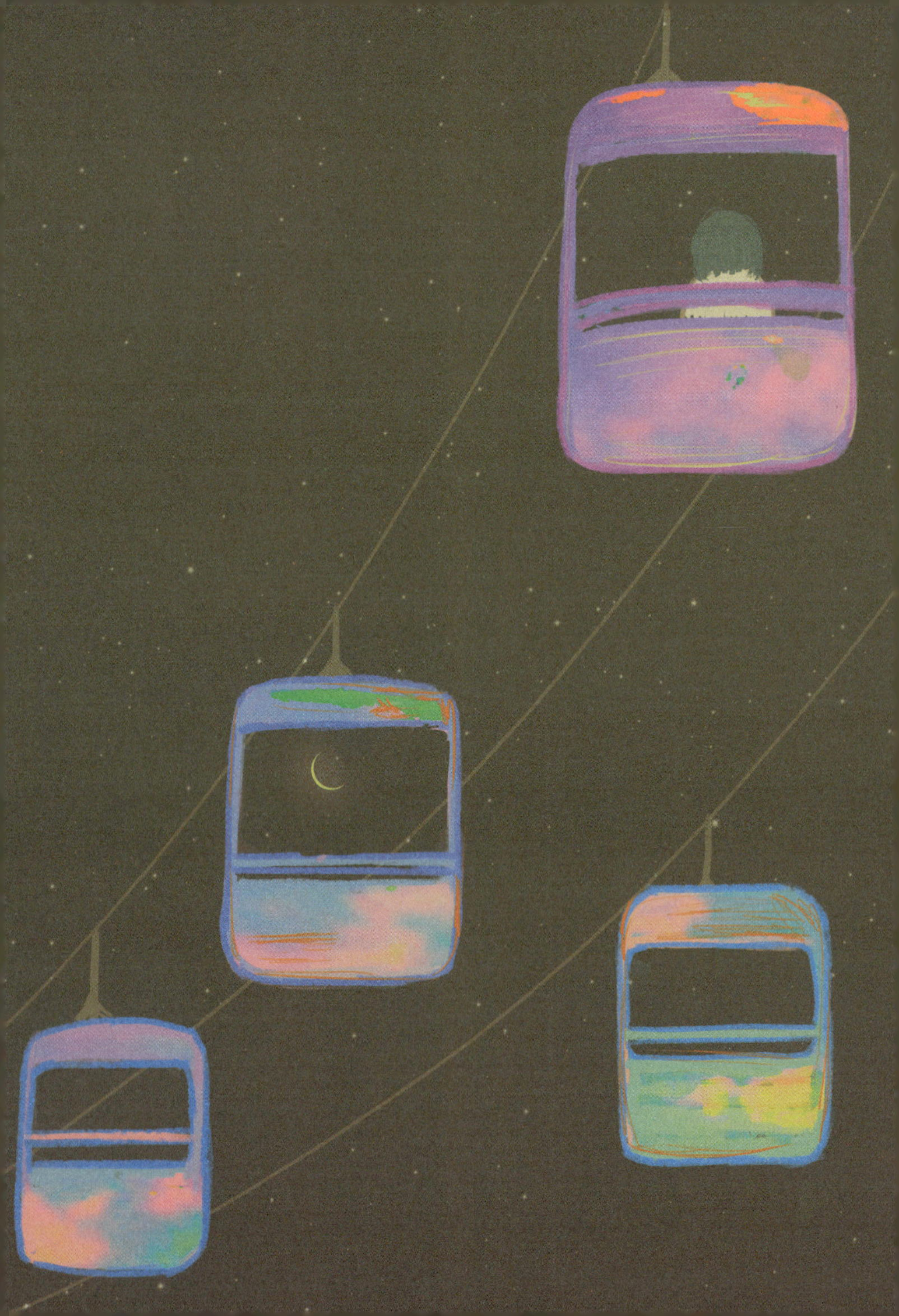

第一辑

快乐是一种选择

——你的心态决定你的幸福等级

为你的快乐负起责任

◀ ❙❙ ▶

有读者写信告诉我,看了我的书,瞬间就变得快乐起来。也有读者写信来抱怨自己过得不快乐,希望我能够帮助他。你快乐与否真的是你自己的事情,一本书可以让你变得很快乐,别人的一句话可能就会让你不快乐,这样,我们就把自己快乐与否的权利交给别人了。

生活是我们自己在过,我们必须体会到这一点,为自己的生活和快乐负起责任。

《当下的力量》的作者就说过,我们要分清楚"生活"(life)和"生活情境"(life-situation)两者之间的不同。生活应该永远都是美好的,只是生活当中的一些情境让我们失望、痛苦。为什么生活是美好的?因为它就是"如是",如实地存在着,不会因为你的批判、论断而有所改变。

我们想要快乐,第一步就是要和我们的生活和睦相处,不去抗拒它。生活就像大海,而生活情境就像大海的波浪,也许我们不喜欢太大的浪花,但大海始终都在那里,一直都是宁静的。

我们看起来好像很无助，是受害者，是生活情境的受害者。可是我们没有意识到，受害者是没有谦卑的心的。他们不愿意承担生活以及生活中各种情况给他们带来的麻烦、痛苦、羞辱和不堪，不能以柔软的心来接纳生活的安排。所以我们不快乐，以为把"不快乐"当成抗拒的工具，就可以改变我们的生活情境，结局是生活情境不但没有改变，反而变得更糟糕了。因为我们把焦点聚集在让我们不快乐的事物上，不断去放大、增强它们的影响力。

想要快乐？很简单。先向你的生活和生活情境鞠个躬，真心地接纳它们。然后你可以祈求更高的智慧，给你力量去改变你的生活情境。所以，我会说，我们常常把力量都用错地方了！我们不应该抗拒生活和生活情境，也不应该坐在那里抱怨，而应该先向它们臣服，然后采取一些积极的行动去改变我们不喜欢的生活情境。将抗拒、抱怨改为臣服、行动！

我们会对外界的人、事、物感到厌烦，是因为我们对自己厌烦，我们失落了与真实的自己的联系。一颗开放而谦卑的心，可以让我们少受很多苦。

也许你会问："那我要怎样才能做到不抗拒，甚至臣服于它呢？"在这里，我教大家一些最简单的方法。

下次，你再厌烦身边的人、事、物，或是感觉到不快乐时，就闭上眼睛，回到内心问自己："我是否能够欢迎它？"答案显然一定是："不，我怎么可能欢迎它？"

重遇
未知的自己

没有关系，因为当你能够这样问自己的时候，说明你已经把自己和让你讨厌的生活情境或是负面情绪之间的距离拉开了，你不会被它们牵着鼻子走，或是无意识地认同它们，沉浸在问题中钻牛角尖了。

接下来，你再问自己："我是否能够允许它的存在？"

当你问自己这个问题的时候，其实你心知肚明，不管你允许与否，它都已经存在了。即使你勉强、委屈地回答"好吧"，你也会觉得有一股小小的内在力量由心底升起，因为你允许了一件你不喜欢的事物存在。这就是臣服的第一步。

试着在生活中经常回到自己的内心去观察自己，跟自己在一起。也许你一开始会很不习惯，因为你很厌烦自己或是你的生活情境，逃都来不及呢！可是，当你逐渐把眼光由外界收回到自己身上的时候，你就会发现你的内在力量在逐渐地累积、增长，跟自己的关系也在逐步改善。

我衷心地希望大家能有一种信仰，不一定是宗教信仰，但一定要有一颗足够谦卑的心，去相信这个世界、这个宇宙有一种最高的力量，或是智慧的存在，然后去寻求它的帮助，把你的不快乐、厌烦都向它倾吐。当你和它建立了一个沟通的管道之后，你也就找到了一条通往真我的捷径。

千万不要放弃！把你想要放弃的能量转化成正面的能量吧！其实它们的性质都是一样的，只是你以前没有看到自己是有其他选择的。

德芬的话

我们必须为进入我们生命中的人、事、物负起全部的责任。学会接受自己的不快乐,也接受人生的不完美,心甘情愿地学习"臣服"的功课,找到一种追求美好生活的快捷方式,而最好的快捷方式就是从当下开始。

我们会对外界的人、事、物感到厌烦，
是因为我们对自己厌烦，
我们失落了与真实的自己的联系。

顺其自然地接纳,别问"为什么"

我一直在学习"接纳"与"放下",虽然愈学愈好,但有时候还是觉得不到位。因为,我还是会问:为什么?为什么这种事要发生?为什么事情会这样?为什么事情不能如我所愿?我发现,当我在问"为什么"的时候,其实是怀着一种受害者心态,想要讨回公道的。

我有一个朋友,她的先生不到四十岁。有一天,先生在地毯上和孩子玩时,倒在地上再没有起来,就这么走了,连一句"再见"都没来得及说。在谈话中,她隐约地问到"为什么"。我看着她充满泪水的眼睛,试着尽量不用说教的口吻告诉她,修炼个人成长有一个很重要的原则,就是不问"为什么"。问这个问题,只会让自己绕得更深,很难解脱。

其实,聪慧的她早已知道答案。她说,在先生走的前一天,友人刚好来访,谈起一部电影——《遗愿清单》(*The Bucket List*)。故事是说一个很有钱的白人和一个贫穷的黑人住在临终病房里,两个人都快"挂"了,突然说到自己未完成的心愿。于是,有钱的白人资助黑人陪他环游天下,尝试自己一直想要做的一些事情,完成

一些未了的心愿。

朋友讲，她先生当时就说自己没有任何未完成的心愿，他对现有的生活十分满意。而第二天，她看到先生倒在地上的一刹那，竟然没有任何惊讶的感觉，反而有一种"终于发生了"的感受，好像她早已知道会有这么一天来临似的，虽然事前她在意识层面一点儿也没有感觉到什么。

她叹了口气说："好像一切都是注定的！"

我当然不是绝对的宿命论者，但不可否认，人世间有很多现象是找不出答案的，只能说是"命"，尤其是生死这一关，真的很难由自己来掌控。

不管有没有所谓的"命中注定"这回事，我们都要尊重事实，这是很重要的。事情既然发生了，我们就要尊重它，不去抗拒，或是心生嗔厌。我觉得圣严法师说得很好，碰到自己不喜欢的事情时，我们要"面对它，接受它，处理它，放下它"，学会了这几句话的智慧，我们每一个人都可以过着自在安心的日子。

这就是我最近发现的一个放下的诀窍：不要问"为什么"。所以，当你在质问"为什么"的时候，就要意识到自己又在跟现实、老天或对方较劲了，接纳是不需要问"为什么"的。处理它，放下它，安心自在！

德芬的话

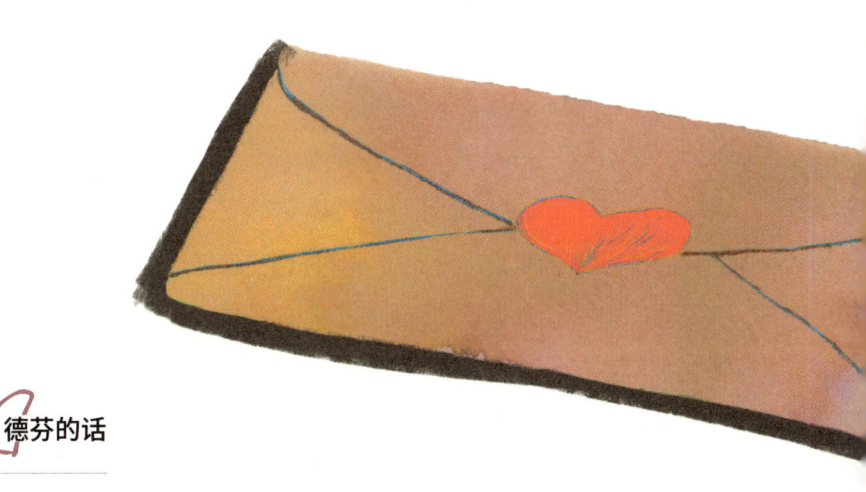

> 任何能丢弃自己不实的身份认同，而且不被自己的思想、情绪以及身体限制和妨碍的人，都能展现出真我的特质。

亲爱的，那不过是一个想法

◀ ❚❚ ▶

我们常常被自己的念头所困，好像一道无形的枷锁捆住了我们的手脚，让我们动弹不得，然后我们还抱怨说："都是他们，才害我这样的！"

有两封读者来信，其中一个读者说："我父亲不认可我交的男友，我很痛苦。"另一个说："我母亲对我的期望很高，我必须做到最好才对得起她，可是我很不快乐。"

让我们用"一念之转"的方法，来检视一下这些困住我们的想法是否真实。

例一：我交往的对象一定要获得父母的认可和支持。

这是真的吗？这句话的真实性有多高？我们只要做个调查，天下的父母都能够认可儿女交往的对象吗？事实是，不会。因为他们不能。为什么不能？因为那是他们的事，他们的决定！

如果我们不能够接受事实，还想跟事实抗衡的话，我们会输，而且百分之百会输。这里的事实就是，父亲（或母亲）不是每次都能够支持、认可儿女交往的对象。我们做儿女的，是不是能够在坚持自己的立场的同时,还一如既往地敬爱我们的父母?

我们都是成年人了,应该为自己的行为负责。父母不能谅解是他们的事,他们责怪我们也是他们的事。我们是不是可以不为所动,坚持自己想要的、热爱的,但还是深爱、尊敬我们的父母?当父母对我们施加压力的时候,我们可不可以听进去,然后给他们一个拥抱,并附上一句"我知道你为我好,但我会做最好的选择"?

父母是需要再教育的。他们需要知道孩子已经大了,必须尊重孩子,而不是限制孩子的自由。如何再教育父母?就是我上面说的,坚持自己的立场,但仍然爱他们如昔。盲从不等于孝顺。你听从父母的意见,结果导致自己很不开心,这些情绪终有一天会爆发,爆发的时候,你所做的、所说的,会更伤父母的心。而且更重要的是,你的生活会变得一团糟!

那我问你:当你抱着"我交往的对象一定要获得父母的认可和支持"这个想法的时候,你是什么样的人?你跟父母在一起,你跟男友(女友)在一起的时候,你的行为举止是怎样的?我可以想象,你的压力很大,你很不快乐。你跟男友在一起的时候,觉得欺骗了父母。跟父母在一起的时候,想着男友又难过,心里甚至会觉得愧对男友,因为你的父母亲不喜欢他。

让我再问你:当你没有这样的想法时,你是什么样的人?请你闭上眼睛好好想象一下,感受一下,如果你的脑子里根本没有这个念头,在父母面前,你是不是可以接受他们的不接受?而在男友面前,你是否也可以很坦然?

是的,不过就是一个想法嘛!你为何允许它掐住你的脖子不放,让你进退两难,快乐不起来呢?真正让你痛苦、不快乐的,不是父母的行为或立场,而是你的念头。很显然,当你这样想的时候,你痛苦;当你没有这种念头、想法的时候,你很自由。那是谁的问题?

如果你说"我交往的对象不一定要获得父母的认可和支持",这句话的真实性不亚于原来那一句吧?但为什么你总选择那句让你痛苦的,而不选择真实性和它不相上下,却可以让你自由的第二句?如果你能拥抱、认可第二句,那困扰你多时的问题就不是问题了,不是吗?

我们再来分析一下第二个问题——我母亲对我的期望很高,我必须做到最好才对得起她。

你不妨这样想一想:这是定律吗?当你这样想的时候,你快乐吗?你就对得起她了吗?完全顺应父母的期望就是孝顺吗?我们可不可以做自己,但还是深爱我们的父母?让他们也学着为自己的快乐承担责任,而不是把快乐建立在对别人的期望上,即使对方是他们辛苦养大的孩子?

身为子女,我们要明白,父母的痛苦不是我们可以承担的。像我就深爱我的父亲,他对我的期望也超高。小时候,他一双大手压在我的肩膀上,说:"女儿啊!爸爸一生的幸福、快乐都寄托在你的身上,你千万不要让我失望,要好好表现,知道吗?"我肩膀上背负了我深爱的父亲的快乐、幸福,好沉重啊!这让我始终鞭策自己要做到最好,让他快乐,但是我不快乐。

随着个人成长的深入,我渐渐地了解到,无论我表现得多么好,我永远都没有办法满足我的父亲。那个心灵的空洞是在他的内心深处,除了他自己,没有人可以填满。了解到这点之后,我海阔天空,自由翱翔!我过我自己的生活,但还是很孝顺爸爸妈妈,常常回去看他们,打电话给他们,尽量满足他们的需要。但我是一个独立的人,我自己决定我的生活。

很奇怪,当你决定不再随对方起舞时,对方也放开了对你的钳制,并且学会了为自己的情绪负责,这是我们可以送给父母的最好的礼物。因为我们来到这个世界上,就是要学习"进化",在进化的过程中,对自己的情绪和反应负责,这是绝对重要的一课。

亲爱的朋友,当你没有这样的想法——"我母亲对我的期望很高,我必须做到最好才对得起她"的时候,你是怎样的人?你是否能拿出自己最好的那一面来爱你的母亲,而不是通过恐惧、担忧和愧疚来与她互动?

如果你能看到"我母亲对我的期望很高,但我不需要做到最好才算对得起她"这句话和前面那句一样真实,而且有过之而无不及的时候,你是否能过更好的生活?试着相信后面这句话,说不定你和母亲的关系、和自己的关系,以及和其他人的关系会更进一步。

亲爱的朋友，不过是一个想法罢了。不要让它钳制你，让你无法做个自由的人。

德芬的话

> 记住，每一件发生在你身上的事情都是一个"礼物"，只是有的"礼物"包装得很难看，让我们心怀怨怼或是心存恐惧。所以，它可能是一次灾难，也可能是一个礼物。如果你能带着信心，给它一点儿时间，耐心、细心地拆开这个惨不忍睹的外壳包装，你会享受到它内在蕴含着的丰盛美好，而且是为你量身打造的礼物。

记住，喜悦是消融负面情绪最好的光

很多负面想法都是由一些负面情绪衍生而来的，比如说你在看你的父母、配偶或其他人时，为什么老要看他们的缺点？因为你心里有批判别人、责怪别人、说别人不好的需求。这个需求来自哪里？归根结底还是你觉得自己不够好，只好借由批评他们的缺点，说他们不够好，来让自己的感觉好一点儿。因为"我"说你不好，"我"看出来你不好，所以"我"一定比你好一点儿，这还是源于自己内在情绪的一种需求。

如果你能够看到这一点的话，你可以告诉自己："我不用借由别人的缺点来证明自己的好。"或者你也可以做一些自我抚慰情绪的工作。这些复杂的情绪和思想其实很多都是由于身体造成的，如果你的身体非常健康，气非常通畅，心情自然会很开朗，会较少地去贬低别人或是想要证明自己，这样心胸就开阔了。

比如说做一些瑜伽、太极、气功、静坐等有益于身心的活动，这非常重要。因为我们现代人大多数都喜欢在脑子里较劲。情绪搞定了，思想搞不定；思想搞定了，情绪又搞不定。其实，如果你能够除掉这些杂念，把身体理顺了，你就会发现这些情绪、思想不但不会不请自来，而且还会自然而然地逐渐减少、消散，少到你可以去掌控它们，不被它们牵着走。所以，我讲的每日念经、持咒、打坐、跑步、游泳，这些真的要去做。要知道，个人成长不是用嘴巴说的，不是用眼睛看的，不是用脑袋想的，而是需要你去身体力行，去实践的。

另外，你还可以尽量减少头脑的思考活动。很多时候我们的思考都是没有必要的，大脑喜欢在问题上琢磨，就像小狗爱啃骨头一样。当你觉察到自己又陷入不必要的思考模式时，立刻把自己的注意力收回来，放到眼前与你同在的一件事物上。你可以注视着它，与它同处于当下。或是你可以聆听当下的声音，比如说窗外的汽车声、房间里的空调声，让这些声音把你带回到当下时刻，回到此时此地。

或者，你可以试着闻一些味道，品尝一些食品，感受一下身体现在的状态，这些都可以帮助你活在当下，而不是在过去和未来的世界里面打转，那对你一点儿好处都没有。你可以去感受自己坐在椅子上，大腿、臀部和椅子碰触的感觉，或是感觉呼吸的一起一伏，与自己的身体打个招呼，这是回到当下的最好方法。如果在生活中经常这样练习，你的强迫性思维就会减少，而你也能和自己的思绪拉开距离，甚至去检视它们的真实性。当你有这样的能力时，你会发现，我们的大部分想法、念头，都不是真实的，而且这会让我们的情绪变得不好。这时，你可以试着换一个角度思考，或是问自己：这是真的吗？这样，你会逐渐成为自己脑袋的"主人"，而不是它的"奴隶"。

德芬的话

记住,凡是你抗拒的,都会持续。因为当你抗拒某件事情或是某种情绪时,你会聚焦在那情绪或事件上,这样就赋予了它更多的能量,它就变得更强大了。

这些负面的情绪就像黑暗一样,你驱不走它们,唯一可以做的,就是带进光来。光出现了,黑暗就消融了,这是千古不变的定律。记住,喜悦是消融负面情绪最好的光。

当你觉察到自己又陷入不必要的思考模式时，
立刻把自己的注意力收回来，
放到眼前与你同在的一件事物上。

人类最大的痛苦是什么

◀ ⏸ ▶

人类最大的痛苦是我们认同内在小我的头脑,也就是我们的思想和思维方式,以为这些念头就是我们自己,或是认为这些念头都是正确的,因而盲目地听命于它们。

比如,老公晚回家没有给你打电话,你就生气了,因为觉得老公心里没有你,不爱你,而你完全陷入这种情绪里,无法自拔。其实,情绪是来来去去的,它来的时候是我们召唤来的,比如痛苦是你召唤来的,来了之后,它为什么不走了?因为它被你的故事"勾"住,走不了了。在这里,你的故事就是,"老公回家晚了,却没有打电话告诉我,他心里没有我,他不爱我"。我想问的是:这是真的吗?

如果你能停止对这些事物、想法和故事的认同,真正感知到自己是谁的话,那你就是觉醒的,不是属于物质世界的。所谓认同,就是投注自我感。举个例子,你会认同你的车,因为你今天开了一辆宝马,你就自我感觉好了一点儿,如果你的车丢了,你的内心就像被挖走了一块什么东西似的,这就是认同,是把自我感投注到我们之外的事物上的一种表现。

人类最大的悲哀，就是我们从无形无相的世界，来到这个有形有相的二元对立世界当中，而在其中失落了自己。我们尝试在形象当中寻找自己——我可以多有一点儿钱，更有名一点儿，多一辆车子，甚至是再大一点儿的房子，或者是我要车子，我要房子，我要一个好老公，我要更多的朋友，我要更多美丽的衣服。我们在这个物质的形象世界当中寻找自我，然后又在其中迷失了自我。

什么叫"在其中迷失自我"？就是你以为在这个有形有相的世界中找到了自己，最后却完全不知道自己是谁。不过，值得高兴的是，当你不知道自己是谁的时候，你就离"你是谁"的真相更近了一步。

德芬的话

"我"有一个身体,但"我"并不是"我"的身体,也不是"我",名字只是一个代号,"我"所从事的工作也不能代表"我"是谁。无论是让人同情的自己,还是优秀的自己,都是一种身份认同,一个看待自己的角度,不是真正的自己。

影响快乐的最大障碍

◀ ❚❚ ▶

我常常思索"为什么人不能快乐"这个问题。不光是我,每个人都觉得快乐很重要,可为什么它如此不可捉摸?经过长时间的观察、思考,我最后终于得出了一个答案:我们受自己的思想、信念和价值观的操控太严重了,以至于在生活当中,我们始终做出一些和追求快乐、幸福相违背的事情。

比方说,很多人对父母都有怨怼,因为他们觉得父母"应该"要怎么样怎么样。问题是,很多人的父母就是无法提供你想要的那种支持和爱,很多人一生都在寻求父母的认同而不自知,即使父母死了,他们还是在生活当中不断地在外面寻求不同来源的认同,永远没有安定下来的时刻。这时候,最好的方法就是像拜伦·凯蒂老师(《一念之转:四句话改变你的人生》的作者)说的:做自己的父母——你想要的那种父母,这是一种很重要的能力。我们能不能慈悲、温柔地对待自己?如果我们对待自己都是沿袭了父母对待我们的那种方式——你认为的不尊重、严苛、不体贴的方式,那我们怎么可能要求别人对我们好呢?

你只能以自己值得的方式被对待，那你值得别人如何去对待呢？我们每个人都是平等的，没有谁比谁优越，我们的价值其实取决于我们怎样对待和看待自己，这是决定我们如何被人对待的一个重要因素。

这是我们与上一代之间的关系，而另一方面，我们与下一代的关系也是矛盾重重。有位妈妈跟我说，她老为了孩子练琴而和孩子闹矛盾。她承认，如果要她每天坐在那里练一小时的钢琴，她也会很痛苦。我笑着问："那你为什么要强迫孩子练呢？"

她理直气壮地说："当初是她要求练琴的，我跟她说好了，一旦做出决定，就要坚持到底。"

我又笑了，说："一个五岁孩子做的决定，你就要她残忍地一生尊重，坚持到底，这是不是有点儿过分呢？"

妈妈毫不让步地说："我觉得做一件事情就是要坚持到底，不能半途而废，我要教导孩子做到这一点。"

我又问："那么，你自己做到这一点了吗？你每一件事情都做到底，没有半途而废吗？我们自己都做不到的事情，却要强加于孩子身上，难怪孩子和你都不快乐。"

同时，我拿出"一念之转"的方法来检视她的想法，"开始一件事情就要坚持到底"，这是真的吗？她也承认这不是百分之百地正确。

我说："佛陀当初选择以苦行的方式来修道，最后他放弃了，换了一种方式才在菩提树下悟道。如果他坚持苦修到底,可能在成道前就'挂'了,今天就没有释迦牟尼佛作为我们成道的榜样了。还有我们的轩辕黄帝,他拜了好几十个师父才真正悟道。如果他坚持拜一个师父到底,可能我们就看不到《黄帝内经》这本千古奇书了。"

这位妈妈同意了我的看法,可是她说她很难放下。这没有关系,有些信念和价值观是根深蒂固的,一时间,我们很难丢弃,即使它们让我们受苦,即使我们知道它们未必是正确的(人真的是很好玩的动物啊)。但是,当你能够拉开距离检视它们的时候,就说明这已经是一个很好的起步了。

抱持这个想法,让你和你女儿都痛苦;放下这个不真实的想法,你和你女儿都自由快乐。你要坚持多久呢?

也许有一天,当你受苦受够了,终于恢复理智的时候,你会愿意试着放下自己那些错误的,但被你宝贝多年视为圭臬的价值观和信念。那个时候,你会发现天空是如此宽广,空气是那么新鲜,你会初步尝到自由和解放的滋味。

德芬的话

快乐≠喜悦。简单地说,快乐是由外在事物引发的,它的先决条件就是一定要有一件能使我们快乐的事物,所以它的过程是由外向内的,那么一旦那个让你快乐的情境或事物不存在了,你的快乐就随之消失了。

而喜悦不同,它是从你内心深处油然而生的,所以一旦你拥有了它,外界是夺不走的。

个人责任承担的层次决定你的快乐程度

◀ ⏸ ▶

有这样一个真实的故事：一对双胞胎兄弟，不约而同地在前后两天之内上报。哥哥上报是因为他是参议员，为国家做出了非常大的贡献。弟弟第二天也上报了，因为杀人而被判处无期徒刑。由于兄弟两人容貌相似，大家都以为登错照片了。

有一名记者很好奇，去访问了哥哥，问道："是什么动力促成了你今天的成功？"

哥哥说："我的父亲好赌，每天回来还常常醉酒打人。"然后，他叹了一口气："在这种环境下长大，我能怎么办？"下一句没说出来的话就是：我只有靠自己努力奋斗了！

弟弟也被访问了，他无辜地说："我的父亲好赌，每天回来还常常醉酒打人。"接着，他也叹了口气："在这种情形下长大，我能有什么选择？"下一句没说出来的话就是：这不是我的错，谁叫我有这样的父亲呢！

这个故事就反映了一个人的担当问题。

很多读者不断地写信来向我抱怨他们的问题，哭诉他们的悲惨遭遇，每个人的处境也的确相当令人同情。但我不想扮演为大家排忧解难的角色，我也不想提出建议帮助大家把外在环境修复得好一点儿。我希望让大家变得更有担当，更有力量和勇气为自己的人生负起责任来。这没有什么技巧，就只是一个选择而已。

我这里有一个意识层次表，其实，也是个人责任的承担表。

你如何看待你的问题？

心态一：这个问题是××造成的，我只是个无辜的受害者。

心态二：因为心态××才有这个问题产生，虽然给我造成了不便，但我必须为它善后。

心态三：这个问题的产生，我也有责任，可我就是这样，我也没办法。

心态四：生命中这种事情很常见，我就是需要忍耐，睁一只眼闭一只眼地混过去。

心态五：这个问题让人真难受，老天啊，帮助我面对它吧。

心态六：这个问题不是谁的错，我内在有力量，能够用有助于自己成长的方式来面对它。

心态七：这是我的潜意识吸引来（或选择来）的问题，我其实可以为自己选择更好的东西。

心态八：我创造了这个问题，我可以赋予它任何一种意义。现在，我选择将它做个转化，并且从中获取我的力量。

大家每次遇到问题的时候，可以来检查一下，看看自己处于哪一个层次，然后试着用我谈到的各种方法来提高自己的承担能力，最终让心灵获得自由、开放、解脱！

因为，你个人责任的承担层次愈高，你拥有的内在力量就愈强，你的自由度也愈高，当然，你的喜悦及自在感也愈深。

对我个人来说，我生活中的议题，有些已经到达第八个层次了，有些可能还处在第一个层次（有的是潜意识的，不知不觉的；有的是一个及时快速的反应，事情一发生就觉得自己是个受害者）。不过，我自己注意到，我愈是往下发展，我愈快乐。快乐的秘诀就在此！

德芬的话

从小到大,我们都有一个意识,自从你有记忆以来,它就一直存在,陪着你上学、读书、结婚、做事。尽管我们的身体、感情、感受、知识和经验都一直在改变,但我们仍然保有一个基本的内在真我的感觉。

这个内在真我不曾随你的身体而生,也不随着死亡而消失,它可以目睹、观察人世百态,欣赏日出月落、云起云灭,而岁月的流转、环境的变迁,都不会改变它。

你个人责任的承担层次愈高，
你拥有的内在力量就愈强，
你的自由度也愈高，
当然，你的喜悦及自在感也愈深。

把黑暗带到光明

记得一位老师曾说过：在修炼我们内在的时候，把光明带到黑暗中是一种方法，但将黑暗带到光明中是真正有效的作为。这句话给我带来了很大触动，因为过去人们一再强调光明（或是救恩）可以消除黑暗，拯救我们。但我觉得，如果黑暗代表我们的人格阴影（shadow）或是心理创伤的话，过分强调或追求光明反而会让阴影被推挤到黑暗的角落，永不见天日。

我自己就有很深的体会，有一次，我被一位天使深深地触动了心里的旧伤，那是当众被羞辱、被指责的痛，当然，追根究底还是"我不够好"的自责，然后就是"啊！居然被你发现了，真丢脸"的羞愧。虽然我当时压制住内心的怒气，而且容许我的"小我"被缩减、打击，可我的心里有深深的痛苦和悲伤。

第二天，另外一位天使来提醒我，我需要"注意"的事项，又一次在我的伤口上撒了一把盐。然后我察觉到，我学的一些技巧，比如说"当场放下""宽恕自己""活在当下"等，真是一点儿用都没有。因为我的旧伤被触动了，内心被压抑的能量正在找出口发泄，而我用其他"光明"去遮盖它是没有用的。

我可以念一百遍百字明咒，或是用唱诗歌、祷告的方式来遮掩，让我觉得好过一点儿。我也看见周围有很多"光明"的东西可以拿来作为我的屏障：我亲爱的家人、我甜美的儿女、我舒适的住宅、可爱的小狗、热情的读者等。我大可以用他们来当"挡箭牌"，忽视心里被勾起的痛。我也完全可以沉浸在幸福满足的成就感中，不去看自己那个表面愈合，但内部已腐烂的"伤口"。

可是我选择面对。我想，很多认识我或者是不认识我的人都很羡慕我，觉得我应该很快乐，因为我拥有那么多。可是，我们每天都可以看到，世界知名的影星、富豪患抑郁症或其他上瘾症，甚至自杀的都不在少数。为什么？因为他们不愿意去面对自己的黑暗面，而是用各种手段逃避、抗拒，结果使得阴暗的势力更加强大（凡是你抗拒的，都会持续）。我们一般人还有一线希望，觉得如果我有×××就会快乐了，所以生活在一个自欺欺人的谎言中，聊以自慰。等到你真的有了×××，没想到还是不快乐，黑暗的阴影还是存在，无法消除，你只好用各种激烈的手段来应对，最后的结局就是惨烈牺牲。这其实也是很多所谓的个人成长大师的痛苦所在，只是他们已经到达一个外人眼中的个人成长层次了，无法走下阶梯去拥抱他们内在的伤口，只好撑一天算一天。

其实，人一开始修行或是向内看的时候，就直接跳入个人成长阶段是很危险的。因为有很多心灵的创伤和人格的阴暗面没有被接纳、修复。变成所谓的大师，或是接纳了个人成长的理论（我们都是光和爱，是美好的，完美无缺的）之后，你就骑虎难下了，非得装出那个样子不可，要不然就是修得不好。

我决定把积压的情绪释放出来，于是安排好了时间、地点痛哭一场。我在哭泣的时候，深刻地去感受自己的那份"自责、羞愧、不够好"的痛苦，让它们站到光明的舞台上尽情地"展现"自己。一旦把它们带入光明，它们就不会继续在黑暗中咬牙切齿地找机会跳出来发泄、报复了，也就是说，它们的能量不再被补充。也许它们还有一些剩余的力量，但这就像电池一样，你不再为它充电，它也能维持一段时间。

哭完以后，我感觉心头的重担已经放下了。与此同时，我也相信我的内在还有很多类似的黑暗面有待处理、修复。我愿意给自己时间（反正这辈子没修完，下次再来就是了），而且，当我用勇气、爱心和耐心去应对它们的时候，它们对我的影响和掌控就不会那么大了，我才能做自己真正的主人，而不是情绪的奴隶。

当你的情绪被触动的时候，把焦点放在自己身上，而不是触动了你情绪的那个人身上，这就是累积内在力量的开始。

重遇
未知的自己

德芬的话

想要从受害者的角色中挣脱出来是没有用的，因为这样的尝试只会把你带到迫害者和拯救者的位置。所以，想要脱离这个牢笼，你必须面对受害者的痛苦。化解、整合了这些痛苦，你就能从牢笼中挣脱。

我们一直都是命运的主人

◀ ❚❚ ▶

命运其实就是由一个个选择构成的。我是相信所谓的命运的，我们从小，甚至是在娘胎里刚成形的时候，就被各种各样的信息影响着，来自母亲的、家庭的、社会的等等。然后就形成了一系列固有行为模式和思维模式，我们就是被这些模式操控着，一生当中，不断地做出一个个无意识的选择。

你会发现，遇到一些事情时，你总会发怒，而且你总是遇到同样的麻烦，遇到相同的人。你和老公之间的某些问题总是会出现，即使换一个人，你还是会遇到同样的障碍。如果你不去觉察，你就会一直被这些问题困扰，其实这就是"命运"。

如果我们的无意识思维和惯性行为模式造就了我们每个人的命运，那有没有一种简便的方法，能够让我们从这些惯性的思维模式或反应中跳出来呢？

当然有！最简单的方法就是看自己究竟想要什么，然后看看你是否在生活中得到了。比方说你一直很想结婚，可是老结不了婚；你一直想要成功，却总是失败。这就说明了你的内在其实存在着很

多模式是使你没办法去结婚、去成功的。或者你可以诚实地问自己——"我真的那么想结婚吗？""我真的想要成功吗？"，认真地去回观自己，体会内在的每一种感觉、每一个念头，这是很重要的。

在这种情况下，你的内在一定是有什么东西卡住了，挡在前面的就是潜意识里的负面模式。如果你能够改变它，就能够改变你的命运。这些说起来容易，做起来却很难。

很多时候，大多数人并不知道自己真正想要的是什么。有一次，我收到一条短信，特别喜欢：口袋里没钱，心里有钱的人最痛苦；口袋里有钱，心里也有钱的人最烦恼；心里没钱，口袋里有钱的人最幸福；口袋里没钱，心里也没钱的人最潇洒。你想要做潇洒的人、烦恼的人、痛苦的人，还是幸福的人？其实这是可以选择的。

当然，最高境界就是你口袋里有钱，心里没钱。这里的"钱"也可以换成其他任何一样东西。我们一般人都是在追逐"有、有、有"，随着心灵的成长，我们会慢慢了解自己真心想要的是什么。就当下这一刻而言，我建议大家把目光放在寻求当下的平安、自在、解脱上。

如果你能够把目标放在这里，能够发自内心地做到这几点，你就会发现，很多原来一直求之不得的东西就会不请自来。生命真的就是这么奇妙！道理很简单，如果你每一个当下都活得平安、喜悦，你就会热爱你所做的每件事；如果你热爱你所做的事，那么你一定会成功。成功就会为你带来你想要的那些外在东西，但是，这是由内而外产生的，所以它带来的喜悦就能持久不衰。而你周围的人也会被你的正向能量感染，从而不知不觉地给你带来各式各样的助缘和善意，你想不快乐都不行！

德芬的话

> 怎样能够不受思想的搅扰而享受当下这一刻呢？倾听自己脑袋里的声音，做一个观察的临在。声音在那里，我就在这里听着它，注视它。这份了解，就不是一种思想了，它是你临在时产生的一种感觉，一种新的意识的向度就生起了。通过这样的观察（倾听内在的思考、对话），你可以感觉到在那些思想下面比较深层次的自我，一个有意识的临在。

如果身心灵是一栋房子

◀ ⏸ ▶

一直以来，我们强调身心的平衡，追求心理的健康，然而，这个世界并没有变成一个让人感觉更快乐、更美好的地方。所以，现在最新的趋势是倡导身心灵的平衡，在身心的基础上加了一个"灵"。

"灵"究竟是什么？是否有唯心或是宗教的色彩呢？在此我特别和大家做一个说明。我们的身心灵如果用一栋房子来比喻的话，"身"就是房子的框架，结构本身，是硬件部分；"心"就是我们的思想、情绪，可以用房子的软装修，也就是房子的装潢、色调、家具等部分来表示。

那房子当中最重要的是什么？空间。是的，空间！对一间房子来说，空间最为重要，否则它就失去了自身的功能。没有空间，人住不进来，东西也放不下。更重要的是，房子的空间感决定了这间房子是否会让你感到舒适。

如果身体不健康，就相当于房子的结构、框架有问题；如果心理不健康，就像房子装修的品位很差，而且塞满了垃圾（各种负面思想和情绪），那么房子的空间就无法很好地使用，或是房子看起来很不好，住在里面的人，一定不会舒服、开心。

同样地，当我们的心里充满了情绪性的垃圾，每天都在抱怨，不知道感恩、欣赏我们所拥有的事物时，我们的内在空间就会很小，难怪我们会不快乐，不舒服。

聪明的你也许已经知道了，内在空间指的就是我们的心灵，是需要我们去培养、滋润的。要不然，即使房子再好（身体再健康），装修得再漂亮（有很多物质来满足我们心理上的需求和享受），但如果没有空间（我们不去注重个人成长的培养），那么我们也住得不舒服。

那个人成长的空间如何培养？首先，别让太多的负面思想和情绪霸占了我们的内在。我曾多次提到，大家应该学习"观察自己"，不但要了解自己此刻的情绪状态，更要了解自己脑袋里的声音在喋喋不休地说些什么。

当我们的内在不再受到负面情绪和思想的控制时，我们的内在空间，也就是个人成长，会逐渐扩大。这时，我们才能享受到真正的喜悦与和平，这是外在的物质世界无法给予我们的。

当然，提升个人成长空间是有很多实际方法可行的，大家可以参考《活出全新的自己》这本书。

重遇
未知的自己

德芬的话

真正的自由不是外在的，而是内在的。我觉得人生模式就像绑在我们身上的绳子一样，让我们动弹不得，而且让我们像一个傀儡娃娃一样活着。你只有一点点地剪断人生模式给予你的牵制、制约，才能真正获得自由。

让至善的力量拥抱你的不舒服

虽然知道是我的投射，但是别人的有些行为真的让我很难受。

虽然知道与我无关，但是别人的言语真的触痛了我。

虽然知道我不该这样想，但我还是一直逃避去面对它。

虽然知道愤怒、悲伤没有用，但我还是无法从负面情绪中走出来。

虽然……

我们是如此身不由己，主要还是因为惯性的情绪在操控。

深沉的行为和情绪模式，就像计算机里的程序一样在操控我们。

我们之所以会让情绪操控，是因为我们不愿意去面对情绪后面代表的痛苦。

也许是因为不被尊重引起的愤怒，愤怒之下是我不够好的悲伤，之下又是无价值感的痛苦。

也许是嫉妒引起的愤怒，愤怒之下是童年里的心碎——误以为妈妈爱弟弟妹妹多一点儿的痛苦！

也许是被抛弃的愤怒，愤怒之下是孤独的恐惧，恐惧之下又是童年被遗弃、忽视的心碎。

就这样，每个造成我们不舒服的感受后面都有一个故事。

故事最终又会指向一份无价值感的悲伤：被抛弃的痛苦和不想再经历的心碎。

可是，我们越是不想去面对的，越是在我们的生命中不断出现。不断由周边的人、事、物带来信息，提醒我们，一个"古老"的伤口正在等待被疗愈。

疗愈之后，你会更开心、更自由，成为一个更完整的人，因为你收复了一部分被抛弃、压制的自己。

这里有一套简单的方法，大家可以试试看，每当生活中有让我们不舒服的事情出现时，用这套自我安抚的方法来面对。

1. 当你不舒服时，试着接受自己的不舒服与对方无关的这个事实，而试着去体会，这是你一个内在多年的旧伤被触动了。

2. 与自我对话：告诉自己，不舒服的经历是让你更加了解自己的必经之路。它没有对错，不需要你去抗拒或是否认。它出现的目的是要帮助你成长，不是来找碴儿的。

3. 慈悲地观照自己：去觉察自己身体的哪个部位有紧绷或是不舒服的感觉，将呼吸轻柔而慈悲地带到那里，轻轻地安抚它。

4. 与不舒服的感觉和平共处：通过你的自我安抚，把不舒服的感受全部包容在自己的身体里，不去批判或是压制。这时，你可以寻求更高的力量来帮助你。"更高的力量"可以是一种神祇，或是

你内在的至善力量，你的"高我"、宇宙等。让更高的力量把光带进来，拥抱不舒服的那个部位，像抱着一个受伤的脆弱小孩一样，温柔而慈悲地……

上面的第四个步骤，是借由高频率的正面能量来中和你低频率的负面能量。在它们整合之后，你就穿越了自己一直不敢也不想面对的负面情绪和痛苦，进而看到真正的自己。

德芬的话

> 勇敢地面对你的脆弱，这是从受害者牢笼中走出来的唯一途径。脆弱会让你感觉受伤、痛苦、恐惧……所以你会想要逃避它。记住，这是你唯一的出路。深呼吸，把呼吸带到你感觉痛苦的地方。呼求光，呼求爱。想象有一道光从你的头顶投射进来，随着你的呼吸进来，进入你脆弱而痛苦的核心所在，让这个高振动频率的能量来整合你低频率的能量。这样，你就能整合自己内在的脆弱和痛苦。

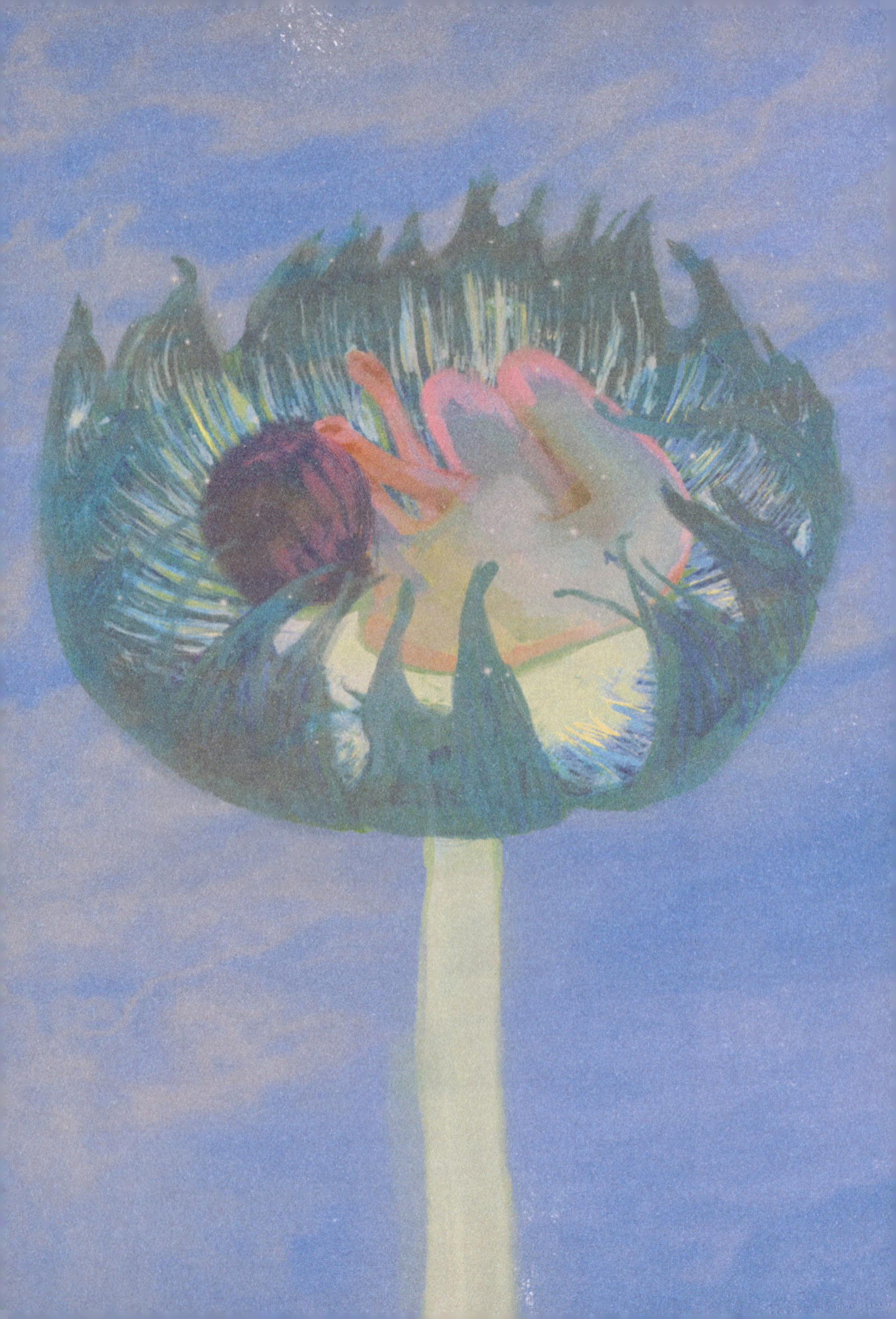

第二辑

找出"我是谁"

——唤醒被催眠的幸福

"我是谁"其实没有答案

◀ ❚❚ ▶

我们这个有形有相的世界，它的起源是无形无相的世界，也就是老子说的"道的境界"。在那个合一的境界中，一切都是混沌不明的，但它是永恒的、不可摧毁的。而且老子说："无名，天地之母，也就是天地之始。"它是无法用语言来形容的，因为语言是属于下面那个世界的。在这个"一"的境界中，你无法体会到自己，因为所有的东西都是合一的、无相的，都在喜悦、平安与爱中。

道	一体	无形无相	未显化	合一	宇宙意识	无名
体	二元对立	有形有相	显化出的	分裂	个人意识	有名

因此，所谓神创造世界，或是地球大爆炸，就是让我们这些灵体带了一丝宇宙意识下到了凡间，就是黑线下面的那个世界。我们有了一具形体，在有黑白对错、是非曲直的世界中诞生，并且认为我们和其他人都是独立的个体，一同在这个有形有相的世界中挣扎

求存。我常觉得，这条黑线，就是我们中国古老传说中的断魂桥，每个人经过那里的时候都喝了"孟婆汤"，忘了自己的真实身份，而到了二元对立的世界中来玩耍。

问题是，我们下来以后，由于失去了自我感，所以一直在有形有相的世界中寻找自我。很不幸的是，在这个有形有相的世界中，所有被我们用来赖以认同为自我的东西，都有一个特性：无常（非永恒），这就是我们人类受苦的主因。

当你问"我是谁"的时候，这个问题其实是没有答案的。因为，所有你的回答，比如说"我是个女人""我是个母亲""我是个作家"，甚至说"我"是个灵体、灵魂、意识等，都是在二元对立的世界中用语言表达出来的，这些都不是真正的你。

真正的你是在上面的那个境界中的：无形无相，而且无法用下面世界的语言来描述。因为一旦你为自己的身份贴上一个标签，它就又属于二元对立的世界了。

重遇
未知的自己

德芬的话

> 我们失去了与真我的联结，但人类还是要有"自我感"，于是我们向外发展，认同我们的身体、情绪、思想和角色、身份等，而所谓的"小我""自我"于此产生，汲汲于追求外在的、物质的东西，以寻求满足。

没有你的故事，你是谁

每当我们感到痛苦或不悦的时候，我们会一直想要改变外在环境或是事件本身，殊不知，不管是外在环境还是事件本身，都是我们无法改变或控制的，我们唯一有把握改变和控制的就是自己的观点。

很多人无法觉察到这点，即使知道了也无法改变自己对事物的看法，因为我们有的时候是如此执着，不愿意放弃自己的想法或是走出自己的舒适区。而所谓的个人成长，就是要帮助我们看进自己的内心，知道它才是造成我们痛苦的主因，而不是外境。明白了这个道理，又愿意去回观自己内在信念的人，才有机会真正离苦得乐，自在解脱。

我所知道的最快解脱的方法就是去理解、看清你的本来面目，弄明白你究竟是谁。如果你就相信自己是这具身体，是一个可怜的人，每天在这个世界上汲汲营营地奔波，只为生存而挣扎，那么你很难逃脱自己的牢笼。

我们需要提升自己的意识，上到更高的层次来看待我们的生命，这样就比较容易改变你对事物的看法。

最可悲的是，我们无法体会到另一个层次的生命，所以紧紧抓着目前我们所能拥有的身份认同来冒充我们自己。所以，个人成长导师拜伦·凯蒂常问："没有你的故事，你是谁？"

如果你放下自己现有的身份，不再挣扎，你是否会失去所依而找不到自己该依附的东西或是身份感？如果你放下老公的外遇事实、孩子的学习问题、你的健康状况，以及你在事业方面的挣扎、工作的不顺利等，你是否会觉得无所适从，好像失去了对抗的目标，人生没有意义？

如果放下我们的痛苦、故事、虚假的身份，你会感到空虚，不知道自己究竟是谁，好像没有归属一样。因此，不妨随便抓住任何一件让我们有自我感的东西，即使那个东西让我们一点儿也不快乐，也比空无一物来得好。

国外著名的个人成长作家杰克·康菲尔德的著作《智慧的心》（台湾张老师文化出版社），是一本非常能引起我共鸣的书。里面有三段话，我想和大家分享：

"每当我们执着自己的身体、心智、信念、角色，以及人生处境时，便会创造某种自我感。这种认同在我们把自己的情绪、念头及看法紧抓不放，当成是自己的时候，就会无意识地一再发生。"

"你每天都会检查自己的物资是否充分——会去查看冰箱食物够不够。那你为何不检查自己看待事情的心态？审视自己的心灵是人生最重要的功课！"

"我们认同自己某部分的经验,将那些感觉、信念、内在的叙事与经历都当成是'我'以及'我的'。一旦产生这种认同感,便会生起狭隘的自我观念,造成'我'与'他人'分离的幻象。"

我前面说过了,最快的解脱方式就是看到我们的本来面目,知道我们是永恒存在的灵体,而不只是受限于此生的这具身体。要想体会这一点,最好的方法就是要认识到:凡是你能观察到的都不是你,你是那观者、觉者,也就是能感知到的意识。外在瞬息万变的心境和经验都不是我们,如果我们能安住于这些状态的意识中,我们就能把自己和我们的想法、故事、情绪分开,从而得到自由。

杰克·康菲尔德提出了很好的忠告,他建议我们不妨试试以下方法:"假装自我不存在,把所有的经验都当成一场电影或是梦境。别做电影中的主角,假装你是个观众。观看所有角色的演出,包括你自己在内。让身心放松,抛弃执着的自我感,心灵安住于觉知中。仔细观察当你放掉紧抓不放的心情后,生命自身会如何呈现。"

德芬的话

我们一般人对自己的身体只有5%的了解和控制，95%是在潜意识的状态下由自动导航系统操控的。所以，找回与身体的联结，就可以帮助我们把5%的版图扩大，找回更多的自己。怎样找回与身体的联结呢？那就是跟你的身体对话，倾听你身体的信息。

放下你的故事，走出信念的阴影

在信念方面，我们每个人都有三大阴影：

一、我不够好。

二、我无足轻重。

三、我一定是哪里出了问题。

由于这三个阴影的影响，我们在生命中会创造出大量的"故事"来迎合我们的信念。唯有做出决定，用故事爱我们自己，而不是用故事打击自己，才能运用自如，发挥当初我们设计故事的真正用意。

我就常常遇到这样的读者，他们有很多的故事要说，每一个故事都很冗长，而且悲剧性特强。我不知道如何告诉他们，只有停止"改变"故事，停止"修改、转化"你的故事，愿意放下它们，进入"不抱希望"的状态，不再想知道"我"究竟是谁，"我"的未来究竟会如何，我们才能再度找到希望。

而在这个过程当中，所有个人成长的修炼都有可能成为我们拿来修补,甚至是强化故事的工具。放下故事,才是最根本的解决方法,但是,我们要怎样才能放下我们赖以为生的故事呢?

首先,我们要放弃受害者的角色。第一步就是为自己的故事负起全部责任。很多人修炼了半天,其实还是在自己的故事里面打转,收集了一堆好听的话,内心深处的伤痛仍然没有疗愈。这种情形在个人成长老师(包括我)身上最为常见。

真正的放下,就是指为自己的人生负起全责,也就是说,承认我们是自己命运的共同创造者。

同样,我们会发现,在创造"阴影信念"继而衍生出各种故事的同时,其实我们是有一份礼物要带给这个世界的。有些人因为自己的痛苦遭遇,而从事了帮助人的行业,或变成一个能为他人的生活带来转变的人,有些人甚至是创作出美丽的作品与世人共享。

其次,我们要做观察者,聆听自己内心那个喋喋不休地说故事的"声音"。这是让我们脱离自己故事的第二步,也是最基本的功夫。

或者,你可以站在一个旁观者的角度来重复自己的故事,我们甚至可以访问当年的其他人,看看他们看待问题的角度和你的角度有什么不一样。你会发现,自己多年来信奉为真理的一些看法,在别人眼中竟然如此不值一提。另外,你还可以以一个乐观人士的身份重复写下你多年抱着不放的故事,看看会有什么不同。当然,如果这个故事是你在出生之前就写下来的,那你可以试着去理解一下,自己为什么要帮自己安排这样的故事,有什么课题和"礼物"在其中呢？

　　我这里还有一个狠招，就是站在镜子前重复地述说自己脑海中总是翻来覆去的故事，说到自己厌烦为止。你也可以给自己的故事写一封信，赞美它，因为它教导了你哪些课题，同时向它表明，你决定走出限制，改变你跟它之间的关系。

　　最终，我们还是要去面对自己的情绪。因为我一直怀疑，我们的情绪是制造故事的"元凶"。至于如何面对情绪，那你就要学会更好地与自己的情绪共处了。与情绪相处的方式和与其他任何人、事、物相处的方式一样，就是去全然地接受它、体验它，不要想从它那里逃开。

德芬的话

我们的遭遇是配合我们需要的某种情绪而产生的,这是我们的一种模式、习性。比方说,你常常有不被爱的感受的话,你就写:我看见我在寻求不被爱的痛苦感受,我全心地接纳这种感受,并且放下对它的需要。

这种东西,你愈去排斥它,它愈不走,而且还会变得更强!所以,你看见了以后,就要先接纳它,然后告诉自己,我不需要这种情绪,我要放下对它的需要。

与情绪相处的方式和与其他任何人、事、
物相处的方式一样,
就是去全然地接受它、体验它,
不要想从它那里逃开。

阴影效应

◀ ❚❚ ▶

"阴影理论"方面最具权威性的美国现代作家黛比·福特,曾和另外两位很有名的作家合写了一本书,叫《阴影效应》(大陆译为《阴影的力量:在动荡世界寻找爱》)。书出版的同时,她还发行了一部电影,非常精彩,里面有很多感人的细节,我看了以后感触颇深。

"阴影"是什么?我在《活出全新的自己》里做了介绍,并且和大家分享了面对自己生命中的阴影的一些方法。阴影就是我们的性格、行为及习惯当中,自己不喜欢、不承认、不愿拥有的部分,被我们压到意识层面之下。我们之所以会不喜欢、不承认、不愿拥有,是因为在小时候,家人、周围的邻居朋友及环境等告诉我们,我们没有这些或是我们不能够拥有这些。

阴影并不都是坏的,有些人把自己好的那一面也压制下去了,因为可能小时候父母告诉他不可以哭,就意味着不要多愁善感,不要太关心别人(收起了自己柔软的心),或是父母笑他怎么这么胆小,他就会应声收起自己的勇气。

怎么去发现自己的负面阴影呢?很简单,你最讨厌的那种人拥有的特质，就是你的阴影。《美国丽人》(American Beauty)这部超级好看的电影当中的男主角的邻居，痛恨同性恋者。原来他自己就是同性恋，在对男主角表白后被拒，竟然无法接受事实，进而杀了男主角，真是非常可笑。这就是我们的阴影，常常在不恰当的时候出来掌控大局，破坏我们的人生。

要怎样才能找到正面的阴影呢？多去观看那些你崇拜、仰慕的人的特质，他们有的，你都有，否则你不会看见。

我们拒绝生命中的阴影，让自己成为一个不健全的人，每天耗费很多能量去掩盖、压制自己不喜欢的部分，进而时不时地投射在周围人的身上。

修炼个人成长这么久，我觉得拥抱生命中的阴影其实是我们最需要去做的。我看到很多人修炼了很长一段时间，还是对金钱锱铢必较，或是道德上还有很多瑕疵，还是活得很不快乐，其实，这些都跟"不承认、拥抱自己的阴影"有关。

那些强迫、压制自己需求的人，那些把自己的阴影锁在"地下室"的人，永远无法获得真正的自由和快乐，因为他们的生命是缺失一块的，有一部分是永远不见天日的。黛比·福特在年轻的时候就遇到了不少问题，她一直不想做自己，老把自我感觉不好的部分压制下去，不去面对。直到有一天，她因嗑药过度昏睡在浴室的地板上，醒来时，她知道自己要做一个彻底的改变，否则这一生就毁了。

如果你的个人成长到了一个瓶颈，觉得自己怎么修了半天也没有进步，那我可以跟你说（以我自己的经验来看），这是你该好好看看自己的阴影，好好拥抱它的时候了。

　　我现在试着在生活中去观察自己批判的对象，以及被压制下去的那份不舒服的感觉究竟是什么。同时去探究我批判的对象和让我不舒服的感觉的背后，究竟是什么在作祟，然后勇敢地去面对、接受。我发现，当我不那么用力地去做好人，并且试着不去争取什么事都要做到最好的时候，我会放松很多。我也试着用拜伦·凯蒂老师说的"不去寻求他人的爱、赞赏和认同"，随时提醒自己、观照自己。然后我发现，我这样比较对得起自己，不让自己再委曲求全了，而当我这么做的时候，其实我的心态更好，脾气更好，对待周围的人也更好。这是一个良性循环的过程，希望更多的人能走上这条道路。

德芬的话

梦是潜意识通往意识的桥梁。它当然有示警、指引的功能,同时还可以让你宣泄情绪或展现出被你压抑的人格特质。有很多看似简单的生活事件,看起来好像无足轻重,可是都潜藏着一些信息。比方说,你想从事某种行业,因此要去考一个证,结果考试当天找不到准考证啦、交通堵塞啦等,诸多不顺利的事情接二连三地发生,就显示出你的潜意识其实并不想走这条路。

人生究竟是怎么一回事

四十岁那一年,我很痛苦,很迷茫。

虽然我有一个幸福美满的家庭,工作也是人人称羡的。存款虽然不多,但我知道我们终究会有那么一天,有足够的钱过好日子,因为老公跟我的能力都不错。

但是那一年,我陷入抑郁之中,觉得即使有一百万美元放在我面前,我也会说:"拿来做什么呢?"

虽然当时我的所有财产离一百万美元还差得远呢!

我不知道我是谁,我也不知道我来到这个世界上干吗,我的人生目的和意义何在。

我被逼到墙角,无处可退,太不开心了,只能开始向内寻找答案。

有人说:"我还在为五斗米折腰呢,哪有闲情逸致来谈个人成长,不像你。"

要我说,你可以继续为五斗米折腰,辛苦而且不快乐地工作,在这个物质世界求得温饱,终其一生庸庸碌碌,茫然以终。或许,由于你的努力,你终究可以累积一些物质的财富,但你的内在未必快乐。

而且从我个人的观点来看，这是本末倒置的做法。

因为，你其实可以走不同的道路，从改变内在世界开始，让你的外在变得更加美好。当你的内在改变时，外在的环境不得不变。如此一来，你会获得双赢。

我自己的经历就是最好的见证。我走过的，你也可以。我做到的，你也可以，我们并无二致。

现在，我试着用有限的语言来为大家解释当年让我非常困惑的问题："我是谁"的答案，就像玫瑰花香那样无法言传。

如果硬要试着用语言来描述的话，我可以说：我知道我是身心灵的组合体，这是现在的我的模样。

但是，在我来到这个世界之前，我是谁？在我离开这个世界之后，谁是我？我不过是一个灵体，一个意识的存在。

在我们感受到自己的本来面目之前，就像一个没有闻过玫瑰花香的人一样，人家怎样用语言形容给你听，你也只是头脑中的理解、知晓。只有亲身闻过之后，你才会一辈子都忘不了。

我们来到这个世界上都有一定的科目要修，就像上大学一样，是有固定的学分要完成的。

如果某一科目挂了，我就必须重修。如果本来一学期只要修四门课，我特别努力，修了六门，学分提早拿到了，我当然可以提早毕业。

比方说，有些人的婚姻不幸福，那婚姻就是他要修的科目。原来命中注定可能要挂三四次才能过关，但这个人很努力，第二次就修过

了,那婚姻这门功课他就可以放下。同样地,金钱、事业、健康以及与父母的关系等,都是这样。

当然,我们来到这个世界上,不仅仅是被动地修学分,学功课。每个人都有一定的使命,为了完成自己的使命,每个人都带了自己独特的天赋来到这个世界上。

如何找到自己的独特天赋来完成自己的使命呢?根据我的经验,我认为有几个方法可以一试。

第一,你真心喜欢什么?什么是你擅长的?也许你会说,我喜欢的东西无法换饭吃,我得养家糊口,不得不做自己不喜欢的工作。这真是本末倒置的做法。我们知道,行行出状元,任何事情,你只要做得好,就会得到很好的报酬。即使你的兴趣是养宠物、种花草,你也可以找到展露天赋、完成使命的契机。重点在于,你是否能够交托,是否愿意冒一些世俗认定的风险。

所以第二就是,你要相信宇宙,相信生命。老天无条件地提供空气、阳光给我们,它也会同样地提供我们在生活中所需要的东西。但我们忙于抓取自以为最好的东西,双手满满的,心里充满竞争、焦虑、嫉妒、恐惧等负面能量,而老天想要给我们的惊喜,被这些东西挡在门外,我们只能排队等候。所以有时候我们必须放手,放空内心,让老天来运作,让自己内在的直觉和声音有机会被我们聆听到。

第三,想象你在临终的时候,躺在床上,那个时候你会关注什么。没有人会说"唉,当初我要是多挣个一百万就好了",或是"我要是多买一部车就好了",又或是"我该开家公司,自己当老板的"。

你躺在死亡之床上时,心里所念所想的东西,就是你现在应该要努力的方向。也许是:我为这个世界做了什么?我爱的人是否平安快乐?我是否应该告诉他们,并证明我爱他们?我是否充实地活了这一生?我是否实现了自己的梦想?我是否善用了老天给我的资源,把它发挥出来,让我和周围的人,甚至更多的人都受益?

有一句话非常发人深省:人活着的时候,就好像自己永远不会死似的;而死的时候,又好像都没活过似的。白活了!

我何其幸运,基于我爱与朋友分享好东西的热情和天赋,我能够把自己的经历拿出来与全世界的华人分享,并且感动、帮助了不少人。

最后我再说一句:我能的,你也能。找出你的天赋,完成你的使命,不枉此生!

重遇
未知的自己

德芬的话

我们追求的到底是什么?什么是世界上所有人都想要的东西?

钱——当然,谁不想要?

权力——显然是很多人追求的目标!

啊,我们还要健康。

当然,除此之外,每个人都在追求爱和快乐。

走出心中的牢笼，自在解脱

我们在受害者牢笼里面待的时间愈长，就愈不快乐。受害者情结愈少，你才会愈来愈快乐。如果此刻的你心情不好，我可以跟你打赌，你一定或多或少地在这个牢笼中打转。

受害者牢笼厉害的地方就在于，即使我们已经知道了它的招数，而且知道愈在里面"流浪"就愈不快乐，可常常在意识上还是看不出来。而且，在我们的内心，这样的牢笼有无数个。也许今天你从这个牢笼中解脱出来，明天又进入了另外一个，好像是挣脱出来了，其实是进入一个更大的牢笼而已。所以你必须时时小心，并体察你的内在。

有一次，我去帮一位老师翻译他后三天的课程。不巧，我当时又病了，而且是喉咙痛（上次，我帮这位老师翻译时讲不出话来的情景又浮现在眼前）。我很不开心，我一直认为无论做什么事情，只要努力，就一定会有成果。但是，我的身体常常跟我作对。我花了不知道多少心思、精力、时间、金钱在它上面，可是，虽然我看起来年轻，身体真的不错，但常常精力不足，该要干事的时候就生病。

这次，我受害的情绪达到最高点，觉得我的身体真的对不起我。

我平常不是当拯救者（不停地吃各种营养品、锻炼、按摩等），就是成为迫害者（埋怨我的身体，厌恶它）。后来我发现受害者牢笼的出口在哪里呢？不在别处，就在受害者的情绪上。

就在我担任翻译的前一天，我终于认识到自己在这方面一直处于受害者地位，却浑然不觉。我受够了，决定不当受害者了，我愿意去面对因为身体不跟我合作而产生的沮丧、绝望、挫败、无力感，并且跟它们和平共处。

结果就是，前一天我发烧、头痛，第二天开始翻译的时候，身体虽然不是特别舒服，头晕晕的，看东西都是模模糊糊的，但是，当我愿意跟自己的负面情绪共处时，它们就不是问题了。我的情绪可好了，开心得很。我决定不再扮演受害者角色，所以，不管我的身体怎么样，我都不受它的影响。

第一天结束了，我回到房间，喉咙很痛，很像要讲不出话来的感觉。我还是不受影响，不中计。但我很真诚地跪下来祈祷，希望我能够顺利地帮老师把剩下的两天课好好地翻译完。结果，第二天，我的状况就好多了，第三天，我就完全恢复正常了。

所以，你再怎么对抗都是没有用的，当你臣服以后，你的情绪获得了解放，你离开了牢笼，外面海阔天空！

不过这位老师说，他以前都是从一个小的牢笼换到一个大的牢笼。所以，我也一直在观察自己，有没有进入另一个比较大、比较漂亮的牢笼。随时注意，不管那个牢笼多大、多漂亮，它都无法给你自由。我知道自己还有机会随时"入狱",所以密切地观察、提醒自己。

在这里,我说的是我的身体,而你的配偶,或是你的孩子、你的婆婆、你的工作、你的事业,都可能是让你"入狱"的原因。我之所以和大家分享我的心路历程,是希望愈来愈多的人能呼吸到自由的空气。

德芬的话

> 如果你从来没吃过冰激凌,你会对冰激凌有渴望吗?你会想着冰激凌而流口水吗?所以,爱、喜悦、和平是我们曾经拥有的,因此我们才如此热切地追寻它们。

你和耶稣的差别在于，你拥有很多

◀ ⏸ ▶

怎样知道自己是谁，其实最重要的是把错误的认知去除。小时候父母告诉我，我的名字叫"张德芬"，长大了我是学生，开始有了很多头衔：演讲比赛第一名、"北一女"校刊主编，后来就是"台视"新闻主播、家庭主妇、畅销书作家……那我到底是谁呢？从小到大，老师从来没告诉过我们"我是谁"，但给了我们很多令人非常困惑的信息。

让我来告诉你"我是谁"吧。你是神，你跟耶稣、佛陀没有什么不同，最大的差别在于你比耶稣、佛陀多拥有了很多东西。《遇见未知的自己》就是教大家怎样穿过层层迷雾，看到自己的本来面目。你的本来面目可能像太阳一样，但现在云层太厚了，把你团团围住，你要穿越厚厚的云层才能看到自己的真面目。

"我是谁"这个议题，真的是要抽丝剥茧，自己去体会才能找到答案。当你穿过重重迷雾，看清自己的本来面目时，那种感觉是难以用语言来形容的。我自己也在这条路上一直探索，对于"我"是谁，"我"的本来面目是什么，我越来越有自信能找到答案。

德芬的话

一位有识之士曾说过,如果现在把我们人类所有的财富重新公平地分配,不出几年,所有人的财富状态又会恢复到现在这样。所以,决定你此刻状态的,不是外在的遭遇,而是你内在意识层次的水平。

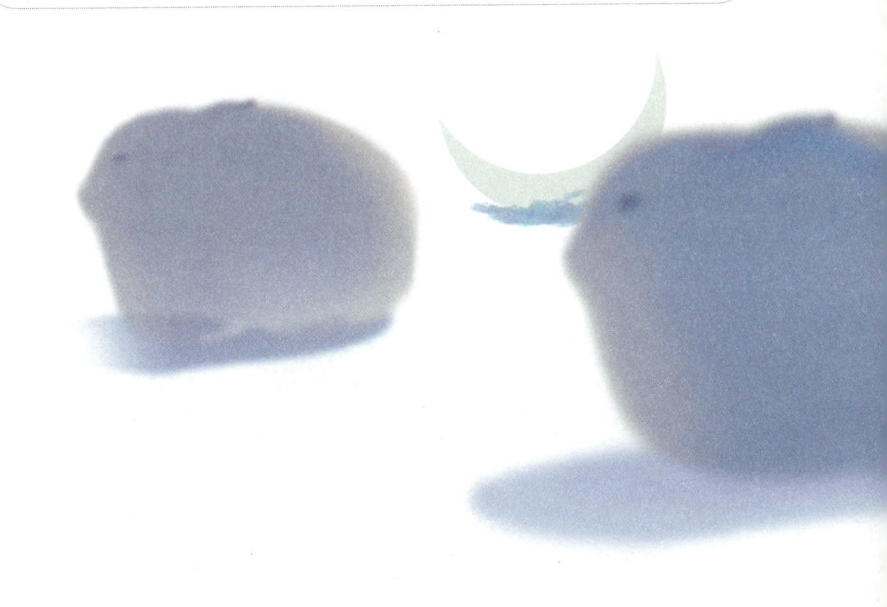

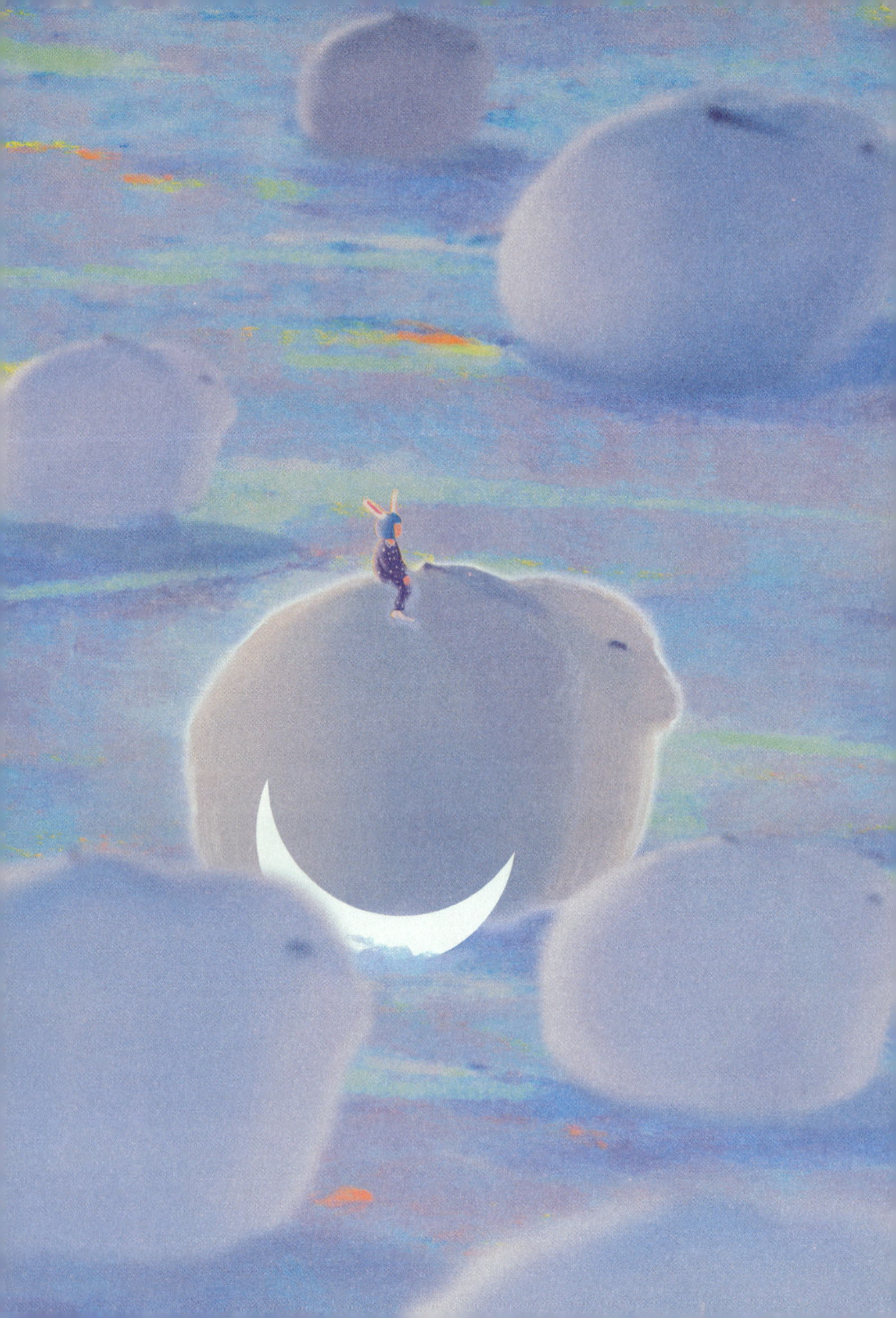

第三辑

好好爱自己了吗

——学会听懂身体的"呐喊"

会痛的不是爱

◀ ❚❚ ▶

"会痛的不是爱"这句话是知见心理学创始人恰克老师说的。我一直在琢磨这句话,为什么爱中就一定没有痛?如果用"会痛的不是爱"这个标准来衡量的话,我们人世间会有多少爱出局呢?

西班牙语中的"我爱你",实际上就是"我需要你"的意思。我们会去爱,是因为我们都有需求,需要被满足。就好像我们的心里有个洞,需要人或事物来填补一样。

有些人感觉不到那个空洞,只是一直在不由自主地追求些什么来满足自己。很可惜,所有外在的追求都无法填补你内在的那个"洞"。

当我现在感受到那个空洞时,我会觉知到自己很不想一个人待着,总想做些什么,或者是找个人说话,或者是看本书,看部电影,上网溜达溜达,听听爱我的人说些好听的话。但这些都不是我们的真爱,只是用来填补内心空洞的无效工具。

于是当我感受到空虚时,便去散步,跟自己一个人相处,或是静心打坐,好好地观照自己,不再利用他人或其他事物来填补自己的内在空虚。

其实，你内在的空虚是需要你去关注的，外在的人、事、物都不起作用（有作用也是暂时的）。它需要你带着理解和爱去承认它，观察它，安慰它，保证你会永远陪伴它。这个"它"，就是我们内在那个从小到大没有得到关注和爱的内在小孩。这是心理学的层面。

在心灵的层面，这个空洞来自我们与源头的分裂，而这"分裂"其实是一个幻象，是我们人类最大的一个迷思。

我们太多次地以为那个让我们感到空虚的事物是外在的，因此一直在外徒劳无功地寻找。如果你愿意反观自身，回到自己的内在，陪伴自己，做自己最好的朋友，你会发现，你的内在空间加大了，内在力量增强了，而你的外在世界也会随之改变。

会痛的不是爱，放下那个让你痛的人吧！借由这样的修炼，你会找回更多的自己。

重遇
未知的自己

德芬的话

为什么我们的脑筋总是走一条相同的路线？即使这条路让我们痛苦，我们也要坚持认为走这条路是对的，从来没有考虑过从另外一个角度走的可能性。这真是非常不理性啊！其实，人类不是理性的动物，而是受惯性和感觉导向的，尤其是在没有被唤醒之时。

怎能轻易说爱

◀ ❚❚ ▶

"爱"这个字对很多人来说,可以非常轻易地说出口。当然,也有很多人是说不出口的!那些新时代的个人成长者,当然包括我自己,整天嘴上都爱来爱去的,听了肉麻,看了心惊。我常常困惑,这个人明明在背后说我的坏话,或是做一些不利于我的事,甚至是根本不在乎、不理会我真正想要的是什么,他怎么能够口口声声地说爱我?

拜伦·凯蒂看"爱"看得最透彻。她说,有一次,她坐在一个快要离世的患癌症的朋友身边守护着她。她的朋友看着她说:"凯蒂,我爱你!"

凯蒂摇摇头说:"不,你不能说你爱我。除非你能爱你的癌症,否则你不可能爱我。因为,不管你是因为什么不喜欢你的癌症,如果有一天,我重复了那个原因,我就会像你的癌症一样,被你厌恶。我只要挑战了你的价值观,对你的要求说'不',没有满足你的期望和需求,你就会停止爱我了。"

有一位常出惊人之语的个人成长大师甚至武断地说:"当你说你爱一个人的时候,其实是对他最大的侮辱。你根本不了解真正的他,你爱的只是自己的投射——你心目中的他。要不然,下一刻,当他不按照你的心意做事、说话的时候,你们怎么可能一转眼就成了仇人?"

多少相爱的情侣,转瞬就会形同陌路。那到底什么是爱呢?我自己也愈来愈困惑。在这个二元对立的世界,好像什么东西都有对立面,所以,人世间应该是没有纯粹的、无条件的爱的。但我们也看到了,有些人真的是非常痴情,无论对方做了什么,他们都痴痴地爱着对方。而且我自己是个母亲,我知道我对孩子的爱是没有条件的,那种血肉之亲,是没有任何东西可以抹杀的。

我也发现,很多男女之间的痴缠爱恋,好像上瘾症一般地迷恋,其实并不是真正的爱。这种痴迷的爱情,其实隐含了人生的功课要你去面对。除非你在这个人身上学会了你该学的功课,然后你还是决定继续爱着他,那就表示这是真爱。如果只是无法克制的情欲,那只是你要学习的功课,愈是致命的吸引力,愈是有重大的课题隐藏其中。

祝天下痴情男女都能学会自己人生的功课,找到真爱。不要相信所谓的灵魂伴侣、双生火焰,好像一个人的出现会拯救你于孤单无依之中,这是童话故事,不是真相。即使有灵魂伴侣和双生火焰的存在,这个人也是来考验你,来教你人生常识,和你共同完成一些人生课题的。

我不希望大家觉得有一个所谓的"另一半"存在:他就是我的真命天子,只要他一出现,我们的关系就一定会没有问题,我们就会从此快快乐乐地生活。所以,"灵魂伴侣"的观念可能会误导一些人,让他们觉得：只要我的"他"出现了，我就会快乐无忧了。或是除了他，我就没有别人了。没有这样的人和事，没有所谓的"那一个人"，但的确是有与你比较匹配的人，碰上的时候，你还是要做很多功课，没有人是完美无缺地为你准备的。

拜伦·凯蒂说："你最需要的老师，就是你必须和他同处于一个屋檐下的人。"人生所有的不顺利，都是磨炼心智的种种考验。我们需要拿出些内在力量来面对，而不是躲在爱情、事业、金钱的追逐中。

德芬的话

> 我们所做的每一件事，都是基于感觉而做的，方法也许各不相同，甚至很多是有害的、错误的，但目的都一致：希望感觉好一点儿。

我们都是巴士上的小丑

◀ ‖ ▶

"学习真实人类所知道的炼金术——当你接受你被给予的困难时,门就会敞开。"这是我最喜欢的波斯诗人鲁米曾经说过的一句话。

鲁米不仅是诗人,还是一位神秘学家、心灵导师。他在自己的诗作和一些评论中,一再提到"公开的秘密",那就是,每个人都想隐藏阴暗的自我。这在《破碎重生》一书中就有详细的描述,作者伊丽莎白·莱瑟引用她好友的话说:我们都是巴士上的小丑,所以不妨放松自己,享受这趟旅程。

我们总觉得别人过得比我们好,总觉得别人看起来好像都很快乐。就比如我,我知道在很多人心目中,我是那种"have it all"(拥有一切)的女人。可我真的不见得就过得比路边卖水果的人快乐多少。我常常在美丽舒适的家中感叹,金钱和外在的物质,甚至亲情、友情、爱情都不能保证你的快乐和喜悦。真正的喜悦是来自内在的,是自发的、无由的,不依靠任何条件,这是我们每一个人的天赋和本性。我们来到地球上,就是学习如何在这个二元对立的、物质实相的、频率低密的星球上,找回我们的本来面目。

我还没有到达目的地呢。所以，我也有很多烦恼，尤其是每个月的经前症候群，让我情绪低落或是脾气火暴。以前我会很自责，觉得自己在这条路上走了这么久，怎么还是这副德行，为什么还没开悟？现在我比较能接受了，因为我们都是巴士上的小丑，每个人都有缺陷，每个人都有遗憾和不足。不要羡慕别人，更不要自卑自怨、自哀自怜。

开悟不是你努力就可以达到的，开悟也不能让你从此高枕无忧。个人成长只是让你更多地了解自己，在人生旅途中，看事物和风景时能看得更清楚，更有深度。它不是万灵丹，不能解决你所有的问题。就像鲁米说的，我们要学习去接受你被给予的困难，然后门就会为你敞开。进了大门之后，让我们再看看里面有什么样的风光！

德芬的话

> "认识你自己"是我们这一生最重要的功课。如果我们能真正认识自己，就能改变自己的命运。

我们对爱的渴望

◀ ❚❚ ▶

我们对爱的那份渴望其实是对真正的自己的渴望。

我们期待找到真正的自己,回到天家,有那种合一温馨的感受。

当我有失落的痛苦时,我把它当成对天家的渴望、找回自己的渴望。

我的内心有一种祈祷,祈祷我能和真正的自己相遇,在这个地球上找到天家的感觉。

这是与他人无关的。

如果我祈求得足够虔诚,信心也够,老天一定会回应我,祝福我,让我达成心愿,这比去求一个人来爱你靠谱得多。

我需要内心安静下来,倾听自己内在的声音,那是老天回应我的方式。

我要找到自己内心的力量,安定在此刻、此地。

让痛苦来带我回家。

亲爱的。

我真希望你能看见自己的美丽和力量。

你有无比强大的勇气和内在力量，你可以穿越这些痛苦。

所有发生的事情都只是你生命中的"过客"和你的功课，你可以超越的。

这一切都会过去。

你会完成自己的使命和承诺，找到回家的路。

揭开了幻想之幕，你会发现你原来还是安坐天家，哪里也没去。

你现在体会到的痛也是短暂的幻象，都会过去，相信我，都会过去。

深入探究那份痛的底下究竟是什么，那是开启你人生最大秘密宝藏的"钥匙"。

用它去为你揭开真相。

重遇
未知的自己

德芬的话

> 脑袋里的思想我们无从控制，我们只能借由观察它、检视它来转移。看到我们的思想的同时，你就切断了对它的认同。如果你进而检视它的真实性，你会发现，我们90%的思想都是不正确的，当你不再盲目地听从脑袋里的声音时，就是它可以止息的时候。

好好爱自己了吗

"世界末日"现在是一个热门词,也是一个敏感词。很多人都在想,我们人类是不是真的会有那样的一天到来呢?

很多科学家、天文学家、神秘学家都在谈论"人类的末日"这个话题,地球会发生很大的地壳变动,南北极的磁场会倒转,就像当年的恐龙绝迹一样,会产生惊天动地的变化。

到底有没有?

我个人觉得,很难说有,也很难说没有。我们曾经看过很多预言世界末日来临的事件,结果都是虚惊一场。但我们是不是就可以掉以轻心呢?地球的变暖现象众所周知,人类就像癌细胞一样,不断侵蚀它的宿主。癌细胞和它的宿主(我们的身体)最后同归于尽,那我们人类和我们的宿主地球,会不会有一天也同归于尽?

很多科学报道都在说,我们人类的文明如何倒行逆施,地球上的资源如何被我们破坏挥霍,北极的冰层很快就要化光了,而大家每天好像没事一样地继续生活,为一些鸡毛蒜皮的小事发愁,好像遥远的北极冰原发生的事情与我们毫无关系似的。

重遇
未知的自己

世界末日的预言是真是假，我觉得不重要。世界末日要来，我该走就会走，该留就会留，一点儿也不在乎。如果我心爱的人都不在了，一人独留世上又有什么意思？我并不贪恋我的生命、我的财富和享受。重要的是，我来到这个世界的使命完成了没有？我有没有把老天赐给我的天赋发挥到最利人利己的地步？我有没有好好地度过每一个当下时刻？我有没有好好地对待我爱的人和爱我的人？更重要的是，我有没有好好地对待自己呢？

如果明天我就要离开这个世界了，我对得起自己吗？

所以，我的感受就是：

1. 不要把话憋在心里。告诉你爱的人，你爱他；告诉他，你很后悔你伤害了他；告诉他，你多么感激他出现在你的生命当中。把每一次见面都当成最后一次那样珍惜，把每一天都当成最后一天那样认真地度过。

2. 放过那些无关紧要的人和事。其实，对我们人类来说，每一个明天都有可能是我们的世界末日。也许明天会突然发生一些事情让我们失去一切，也许明天我们就会失去最爱的人，也许明天我们就会离开这个世界。Who knows（谁知道呢）？

何必计较那些不太重要的事或人呢？那个人多跟你收了一点儿钱，你负担得起，他既然需要，就给他；那个人欠你一个人情，不需要他还了；那个人说你不好，误解你，明天也许他就不在，或是你就不在了，花力气和时间去计较，值得吗？

3. 即使明天就是世界末日，我今天还是努力把我该做的事情做好，不会做任何疯狂的举动或是散尽家产。日子该怎么过还是怎么过，最重要的是保证自己每天过得充实、快乐。

4. 对于地球的困境，我们究竟能做什么？最简单的就是少吃肉。畜牧业是造成地球污染的最大因素，而且肉食本身对我们的身体也不好，但大家都习惯了享用肉食，所以奉劝大家，有意识地少吃点儿肉就好了。为了地球，为了我们自己的身体，少一点儿口腹之欲是值得的。

我们需要想一想，我们每天这样过日子对地球有没有帮助？我们是否还应该浑浑噩噩地像癌细胞一样侵蚀我们的宿主？

我自己觉得我没有白活，我很满足了。如果老天明天要带走我，我也没有任何遗憾。带着这种心情过日子，你会觉得每一天都是捡来的。我曾跟那些想自杀的人说：反正烂命一条你都不要了，不如留着为其他人做些事情。一定有比你更悲惨的人，找到他们，为他们做点儿事，总比把这条烂命丢了好。

好好生活！

重遇
未知的自己

德芬的话

> 科技的进步、文明的发展、对物质的过度追求,都让人失去了纯真的本心,整天只为满足自己的私欲而汲汲营营地生活。

别人都是为你而来

◀ ❚❚ ▶

什么是投射？这是心理学很流行的名词。

"投射"指的是，我身上、内在有的一些特质（小气、嫉妒、懒惰、不守信等），我不承认，或是被我压制了，也有可能是我其实很排斥这种特质，于是我"故意"看不见它们。但是，我可以轻易地在别人身上看到。然后，我会起反应，并且予以谴责。

举例来说，我曾经梦到某个人。我的老师在帮我解梦时就问我："你觉得他有什么特质？"我说："我觉得他是一个阴险、卑鄙的小人，自私、贪婪。"

我真的很不喜欢他，就连看到他的相片，我都会由衷地生起一股厌恶感。他的眼神，尤其令我不舒服。

没想到老师说："这些都是你有的，也就是你的阴影。你投射在他身上，所以你这么讨厌他。"

我怎么可能是个阴险、卑鄙的小人呢？自私、贪婪更是我在自己身上最看不到的特质。我从小就耳濡目染，或是被我妈耳提面命地说："不可以做一个阴险、卑鄙的人。自私和贪婪都是很不好的。"

因此，我从小就决定，一定不要做这样的人。

我们每个人其实都代表着一幅太极图：一半黑，一半白。我们一直被教导着要活出白色的一面，黑色的那一面就被压制下去了。然而，我们生活在一个二元对立的世界，有黑有白，有高有低，一面缺失了，另一面就不可能存在。

我们刻意压制黑的那面的结果，会为自己在外面的世界中树立很多"敌人"，同时，我们不可能彻底地接纳真实的自己。你的能量，有很大一部分会被调去遮盖、闪躲、压制那个你不想看见、不愿接纳的自己（它就是你的阴影，或是黑暗面）。但是，当你全然接纳真实的自己时，所有的特质都会在正面的光明中被转化。

另外一种情形就是，如果你觉得某人的行为很不顺眼，比方说，说谎欺骗别人，误解别人还理直气壮，或是欺善怕恶等，你会去批判他。如果你对这些行为特别痛恨，那就表示，你曾经也有过这样的行为，虽然表面上你没有觉察到，可某个部分的你是心知肚明的。所以，那份对自己的谴责就会力道加大地转向别人。

因此，下次你讨厌某人，用一些不好的言辞尽情批评他的时候，可要小心了，你说的都是自己。

如何接纳真实的自己呢？最简单、最快速的方法就是宽恕。借由宽恕你不喜欢的人，接纳别人的过错来原谅、接纳自己。所以，个人成长界不是说，你周围的人都是为你而来的吗？其实，他们扮演了两个角色：一个角色是扮演镜子，让你看见你不想看到的自己。

另外一个角色就是扮演老师，让你学会你的人生功课，其中最常见的功课就是宽恕。如果没有人需要你宽恕，你是学不会这门功课的。

德芬的话

> 无论是拯救者还是迫害者，你想要拯救或怪罪对方的那个部分，都是你自己拥有但不愿意去看见的——而且是你身为受害者才会感受到的。从受害者的脆弱情结出发，去接纳，去整合，才是逃脱受害者牢笼的唯一出路。

别人身上的美好,其实你也拥有

◀ ⏸ ▶

前面我谈到了"阴影投射",还有一种相反的现象叫作"黄金投射",这又是什么呢?举个例子,很多读者说:德芬,你好有气质,你好恬静,好高雅,好通透,我真想象不出你会生气,甚至会想揍你老公呢!这就是"黄金投射"的表现。

"黄金投射"指的就是,你在别人身上看到的美好特质,其实也是你自己拥有的。只是你从小没有去发掘、联结、活出这些美好的特质,所以你以为你没有。其实,只要是你在别人身上看到的东西,你自己身上一定都有。

所以,不要羡慕别人!当你看到别人身上有你很喜欢的特质时,试着在自己身上去寻找、开发、滋养同样的特质。欣赏别人的特质,不但可以帮助你看到自己内在的这些特质,同时也可以让你内在隐藏的那些特质逐渐闪耀,对你的生命产生更大的影响。

大家还记得苏东坡和佛印的故事吗?有一次,苏东坡问佛印:"你看我像什么?"

佛印说:"像尊佛!"

苏东坡好得意，笑着说："我看你像牛粪。"他觉得这一回他赢了。

佛印和尚不徐不疾地回答："你心中有什么，就看对方是什么。"苏东坡这一回又输了。

总而言之，外面没有别人，一切都是我们的投射。所以，修好自己真的超级重要！

德芬的话

我们从小就被灌输"你必须能干"的思想,凡是不被允许的那些特质,就被我们压制在潜意识里面,但它们不会因为你不承认它们的存在就消失了。

这些被压制下去的阴影,还有我们从小到大不被父母、环境认同的各种情绪,都是没有释放的能量,储存在我们的细胞记忆里。它们不时会浮上台面,给我们带来困扰。于是,我们就发展出很多策略来逃避这些蠢蠢欲动的不安、浮躁,突如其来的暴怒、莫名的忧伤,还有脑海里面喋喋不休的"你不够好""你是错的""你不如别人""你不够完美"的紧箍咒。

学会愉悦地等待

等待,是一种选择。

我们每次都很想要经由自己的努力让事情发生,可是,天,常常不遂人愿。

花儿有它开放的时节,果子有它熟透的时令。

不用去催促,只要遵循自然的法则,总有一天会开花结果。

然而,我是一个很不喜欢等待的人。

不喜欢事情暧昧不明,不喜欢没有个水落石出。

但是渐渐地,我学会了,等待可以是很美丽的。

我可以向现状臣服,因而学习愉悦地等待。

最后,"等待"已经蜕变成为"存在"——就只是待着。

带着好奇、愉悦的心,静观其变。

正是"行到水穷处,坐看云起时"。

在等待的当下,有什么是你需要应对的?

其实什么都没有。你需要应对的就是你自己:你的思想和情绪。

当你焦急地期待一件事情发生的时候,试着把注意力拿回来放在自己身上，看看自己在想些什么。

试着把自己头脑里的想法说出来，看看会不会吓自己一跳！

看你能不能对自己脑袋里的声音一笑置之，还是把它喋喋不休的神经质对话当真了。

接下来，再看看自己此刻的情绪如何表现在身体上。

把觉知、注意力带回自己的身体，看看哪里有不舒服的感觉，你的手、躯干以及腿是什么样的姿势，是否放松自在。

如果找到了紧绷之处，就用意识去放松它。

如果找到了疼痛之处，就用爱去接纳它。

如果找到了郁闷之处，就用慈悲去观照它。

此刻，跟自己好好在一起。

等待？没有啊，我没有在等待。

我和自己在一起，我在陪伴我自己。

我在和我的思想及情绪做朋友。

我学会了停留在此刻此地——不急着前进到未来，也不沉迷于过去的故事中。

就在当下，繁花盛开。

德芬的话

当你做完所有该做的事情,等着接收成果的时候,如果你过度热切地期盼,反而会产生很多负面的情绪。所以,我们在接收的阶段,采取了相应的行动之后,就应该放下,让事情自然发生。这叫作放手!如果你认为,你要的东西非到手不可,其实你是在推开这个东西。因为你的这种想法会发送负面的能量,并阻挡你获得自己渴求的东西。学习放手,学习信赖,你才会轻松地得到你真正渴望的东西。

如果找到了紧绷之处，就用意识去放松它。
如果找到了疼痛之处，就用爱去接纳它。
如果找到了郁闷之处，就用慈悲去观照它。
此刻，跟自己好好在一起。

停止做上帝

◀ ❚❚ ▶

我发现，放下和臣服其实很简单，就是停止做上帝。

这并不是说要你放手不干，什么都不管了，而是在紧要关头，你是否能放手让自然的力量来掌控。而且在你所求不遂的时候，能否臣服，愿意接受生活本身自然的律动？

做上帝有很多层面。上帝的第一个角色，就是想去拯救别人。

这是个人成长中人最容易做的事情。学了个人成长的一点儿皮毛，发现了一些人生道理，就迫不及待地广告诸亲友，想要让他们知道，他们可以过得更好（这其中就隐含了这些人现在过得不好的假设）。这种行为本身没有什么错误，但是会影响我们自己的心灵成长。一方面，如果你把其他人都看成受害者，是需要拯救、改善的人，那你就是在制造受害者，你就会聚焦于他人的不足、不美好，而扩大它们。观察者影响被观察者，所以你的亲人、朋友、同事就必须展现他们需要被拯救的那一面给你看。

而另一方面，这种行为是在满足小我的所欲，觉得自己高人一等，借由帮助别人来逃避自己的心理问题，借由帮助别人来满足自己的优越感，这对我们的意识提升也没有什么好处。

当然，我并不是说我们不能帮助别人，不能和其他人分享个人成长心得。而是说，当你这么做的时候，你是否有很清楚的觉知，知道自己只是在分享经验，没有任何优越感或是要对方改变的前提在其中。就像姜太公钓鱼一样，愿者上钩。需要你分享的人，自然会因此而得益。不需要的人会把你的话当耳边风，而你一点儿也不会在意。

上帝的第二个角色就是视自己为圣洁，道德高尚，所以会去批判那些不是同等神圣的人。

我印象最深刻的是耶稣的一个教导。有人抓了一个妓女到耶稣面前，说这个女人是罪人，大家要按惯例用石头砸死她，并征询耶稣的意见。耶稣当时蹲在地上画字，头也不抬地说："你们当中有人没犯过罪的，就可以丢石头打她。"结果周围的人一个个地离去，只剩下那个女人。

每当我指责别人的时候，心里都有个小小的声音在说："其实，他有的你都有，只是程度不同而已。"这个声音说的是对的。我们在别人身上看到的所有东西，都或多或少地在自己身上有所体现，而这就是我们看得见的原因。

所以，放弃做一个批判、论断的神吧。你可以有鉴察力，知道事物的当下状态，但可以不用为它们贴上标签。如果有人要骗你的钱，你知道他是骗子，可以不上当，但是不需要批判他。批判和鉴察力的差别在于，批判会产生一些情绪，也许是负面的，如憎恨、厌恶、恐惧、不屑等，但也有可能是沾沾自喜，批评别人之后觉得自己优越，而感到小我的满足。

上帝的第三个角色就是，要求所有的事物按照我们规定的时间以及喜欢的方式发生、发展，或是周围的人按照我们想要的方式做事。

你埋怨交通堵塞，你就是想充当上帝；你埋怨你老公工作过度、应酬太多，想去改变他，你就是想充当上帝。只要我们对周围发生的事情不满意，想去改变的时候，就都是在充当上帝。因为发生的事其实都是上帝（老天）的旨意，要不然它不会发生。发生了之后，你去抗拒、对抗它，你就是以为自己是上帝，或是想跟上帝抗衡。当我们用各种方法去操控、驾驭、玩弄别人时，我们就是在扮演上帝的角色，不管这个"别人"是你的孩子、配偶，还是父母。

当然，这不是说我们不能够倡导环保、尊师重道、遵守国家法规和交通规则等，但不需要有一种自以为是的道德优越感在里面。出发点是"我是对的，要纠正、打击你们那些错的观念"，还是"我希望看到一个更美的地球，有更好的秩序，所以我做这些事"，这两者背后的动力有很大不同，虽然做的事可能相同。

爱因斯坦说，疯狂的定义就是用相同的方式做同样的事情，却期待不同的结果出现。我想，如果大家同意这个定义的话，那我们绝大多数人都是疯狂的——总是不停地在和周围的人、事、物奋战，试图改变他们，好随顺我们的意思。

看到这一点，我们可以稍微休息一下，把上帝的角色还给上帝，

我们就顺着生命之流走。带着一定的意图，朝着自己想要的方向前进，如果一阵大风吹来，把我们带到不同的道路，我们可以试着调整自己的目标，继续前进。生命是流动的，我们生活在其中应该是毫不费力的，就像被河流撑托着往下游漂浮一般。是我们的挣扎、努力，让生命之流被阻碍、被堵塞了。

有人说，知道自己要什么很重要，但我们到底要什么，是会随着时间之流而改变的，所以不如顺着时间之流走吧。一切都有最好的安排！

亲爱的朋友们，放弃做上帝吧。如果你看到自己在扮演上帝的角色，随时告诉自己："我不需要这么做。"拜伦·凯蒂说的一句话我很喜欢，她对那些自以为是的人说："有了你，我们还需要上帝吗？"

也有人说，上帝听过最好笑的一句话就是："这个人明天有一个计划！"

计划，计划，计划永远赶不上变化。人再怎么计划，也赶不上老天的变化。

活得那么累干吗？放手吧！臣服吧！我们不过是舞步，生命才是那舞者！

让生命自己跳舞吧！

德芬的话

臣服的好处就是，当你接纳了当下，不徒然浪费力气去抗争的时候，事情往往会有意想不到的转机出现，你才发现原来的挣扎真是白费力气。而且，正因为你把能量充分聚焦于眼前的事物上，有的时候你会发现，有更好的解决之道来帮助你脱离眼前的困境，或是你不喜欢的情境。所以破解情绪障碍之道，最重要的就是臣服。

给自己一个发怒的机会

◀ ⏸ ▶

很多人都有这样的感觉：当我们生气或者很郁闷时，我们都知道应该怎样去应对，但就是做不到，心里不愿意去做——为什么我非得接受？

其实，情绪上来的时候，如果你试着跟它在一起，它就会这样过去了。但是，当它触动到你的"地雷"的时候，你如果用其他方式去躲避它，就会变成一种压抑。

我举一个例子：有一个女性跟李尔纳老师（《回到当下的旅程》的作者）说，她永远没有办法取悦她的父亲，尽管她试了各种各样的方式，但父亲还是不满意。

然后，李尔纳老师就问她："是吗？你确定你都尝试过了？"

她说："对，我都尝试过了，没办法。甚至是我生命中的所有男人，我都在取悦他们，但是没有一个人满意。"

老师看她哭，但一点儿都不同情她，就说："你想一想，当你取悦一个男人这么久，而他始终没有办法被你取悦时，你该跟他说什么？"

那个女的说:"我永远没有办法取悦你,我都尝试了。"

老师无奈地说:"不对,不是这样说。好吧,我给你一个提示,跟他说两个字。"

然后,那个女的终于想到了,就是"滚蛋"。

如果你永远没有办法取悦对方,那就叫他滚蛋,做回你自己。另外,如果你真的有怒气,那你要允许自己表达,你也有权利去表达。其实需要表达的不是你,而是被你从小压抑到大的怒气,它有权利去表达自己,可是因为环境不允许,它一直被压抑着。但你的怒气是你的一部分,它压抑在你心里这么久了,它绝对有权利出现,你也有义务让它流露出来。

当你真的用一种极致的方式表达出你的愤怒时,你会发现,那个时候的自己特别舒服。但是,你要用负责任的方式来表达。

比如,你可以跟你的老公、你的亲人说:"当我在房间里又哭又叫又摔东西的时候,你不用进来,我不要你来安慰,因为我只是需要一个自己的空间去发泄一下而已。"发泄完了,你要看到自己有罪恶感的话,你要承认,并拥有那份罪恶感,而不要说"我很文雅,我很温柔,我在修炼个人成长,我不可以骂脏话、发脾气"。

真的,当你负责任地,带着爱,不去批判,允许你的怒气表达出来,发泄出来,你就会觉得内心特别轻松,特别舒服。

德芬的话

> 如果你能与自己的负面感受安然共处——例如愿意接纳自己的无价值感或自己的脆弱无力——那么你就会有足够的内在力量,可以更有效地去顺应外在你不喜欢的人、事、物,而不会被困在受害者牢笼之中了。

肃清生活的路障——身心灵的体察

很多读者给我来信,述说自己的故事。有的年纪轻轻就问:活着是为了什么?有的找不到自己,很迷惘。有的面对生活中的难题、关系上的种种问题,无所适从。

其实,我们所有的人生问题都源自一个关键点:意识的状态。我曾做过一个比喻:一只老虎在花园里,如果你和它在同一个楼层,你会很害怕。如果你在二楼,恐惧会少些,但还是有点儿怕。如果你的高度提升到七八层楼,老虎就不是问题了。

同样地,我们的问题可能看起来很大,部分原因是我们自己很小。与其去和问题抗争或是想办法缩小问题,不如让我们自己变强大。

如果你能改善自己的意识状态,你会更加看清自己,看清所有的人际关系和问题。到时候,这些生命的难题就会变成只是需要你去处理的事情而已,不会让你如此困扰、迷惑。在这种情况下,你的内在智慧会油然而生,不需要求助于他人。

那什么叫作"意识状态"?它其实就是你对周遭人、事、物的反应和回应方式,以及你看待事物的观点和领略真相的功力。

要想提升自己的意识状态，第一步就要积累内在的力量。其实，真正的功夫还在于我常说的：观察自己。但我发现，虽然我一直在大声疾呼"观察自己"的重要性，可是没有内在力量的人，连观察自己的能力都没有。

于是，我想了很久，决定再试着从另一个角度来解决这个问题，如果我们试着建立起自己的内在力量，就会有足够的"内力"来修炼并且面对人生的难题。

如何建立内在力量呢？我试着从身、心、灵这三方面来进行阐述。首先，身，指的是物质世界，我们眼睛能看到的东西；心，指的是情绪、思想和我们内在世界的活动；灵，就是个人成长。而灵体就是我们出生之前和死亡之后的状态。

身心与灵的关系，就像物体和空间的关系。我们看不见，摸不着，有时甚至也感受不到灵，就像空间一样，摸不着也看不见。但是，没有空间，就不可能有物体的存在，就像没有灵，身心也无所适从一样。所以，当我们死亡的时候，身心俱灭，灵却不灭。

要建立内在力量，我们必须关注自己的个人成长，那个无形的内在世界。如果我们始终认同于自己外在的形相，在这个物质的世界中汲汲营营，显然，我们的人生就是失调的。因为你错失了重要的人生另一半——无形的心灵世界。

那怎样才能做到关注自己的个人成长世界呢？我列举了一些实际可行的方法，希望在痛苦中挣扎、生活中困惑的朋友们，能够切实地选一两个来做，一段时间（最好是 21 天）以后，你一定会发现生命有所改变。

1. 在生活中，多寻找和接触能够触动你心弦的人、事、物。比如说，有人喜欢音乐，当他聆听美妙的音乐时，整个人会进入一种喜悦忘我的状态，这就是很好的方法。另外，你也可以试着每天清晨去公园里散步，或是平常多抽出点儿时间和孩子、宠物一同玩耍，读一本震撼你的好书，等等。无论是什么，只要能够让你的内在感受到那种由衷发散出来的喜悦情绪。你不妨将那些可以让你有这种感觉的事物列出来，然后每天抽出一段时间去享受它们。

2. 练习一种技巧：随时随地赞美和感恩。去餐馆时，你看到哪个服务生的笑容特别可爱，可以在心中赞美他（说出来当然更好），然后感恩自己能够看到这样的笑容；走在路上时，你发现家附近又整理出来一块绿地，种上了花草，可以为此而感恩政府；今天公交车搭得特别顺利，阳光特别美丽，衣服穿得特别好看……尽情地在生活中找到可以让你感恩和赞美的东西。随时随地这么做，尤其是在等待的时候，与其不耐烦地等候，不如找些东西来感谢和赞美。试试看吧！

3. 只要想起来，就关注自己的呼吸。觉知你的呼吸，体会空气进出你身体的感觉，注意在呼吸时你的胸部和腹部是如何微微地扩张和收缩的。一个有觉知的呼吸就足以让你在一波接着一波的思想续流中，创造出一些空间。每天试着多做几次有觉知的呼吸（当然愈多愈好），这是把个人成长空间带入你忙碌生活的绝佳妙方。

即使你每天静下来呼吸、冥想两个多小时，如果你不带着觉知去做，那也等于没做。如果你进入一个充满觉知的宁静状态，那你仅仅需要觉知到一个呼吸（你一次也只能觉察到一个）就够了。其余的都是记忆或期待，也就是思想。呼吸并不是你在"做"的事情，它是自然发生的，是身体的智慧在做。你需要做的就是目睹它的发生，不需要紧张或费力。同时，你要注意呼吸中的暂停时段，尤其是在你呼气终了，准备开始吸气时的那个定静点。

4. 随时随地觉察自己的内在身体，这也是一个培养内在力量的好方法。如何去觉察内在的身体呢？最简单的方法就是闭上眼睛，然后感受一下你的双手是否存在。你怎么知道它们存在呢？那就是内在身体的感受了。有些人会感觉手上有些麻麻的感觉，这就是所谓的活力、生命力。

做两三次有意识的呼吸，现在看看你是否能探测出一点点细微的活力感？这种活力是充满你整个内在身体的。这样说吧，你能从内在感受到你的身体吗？你能感受到腹部、胸部、颈部和头部吗？你的嘴唇呢？短暂地感受一下身体的个别部位，比如说你的手、手臂、脚和腿。在它们之中有生命吗？然后再试着感受一下整个内在身体。

在刚开始练习时，你也许要闭上眼睛，在你能够感受到你的内在身体之后,再睁开眼睛,环顾四周,与此同时,继续去感受你的身体。

记住,95%以上的痛苦都是我们自己制造的,其中,95%又是我们的思想制造出来的。亲爱的朋友,下次你又在胡思乱想、制造痛苦和情绪垃圾的时候,做做上面的练习吧!累积一段时日,你的人生就会有所转变,不用再求助于别人了。你自己心里会很清楚该怎么做、该如何生活,因为,我们是自己最好的老师!

德芬的话

> 告诉自己,不舒服的经历是一条让你更加了解自己的必经之路。它没有对错,不需要你去抗拒或否认。它出现的目的是要帮助你成长,让你知道自己真正是谁,而不是来找碴儿的。

觉照的光慢慢融化冰山

◀ ❚❚ ▶

关于"命运",我想说的是,每个在沉睡中的人都有一个既定的命运。而当我们觉醒的时候,这个命运就会完全消失。

其实,每个人的内心都有很多阴影——"我妈妈在我之前堕过胎"啦,"我外公有外遇"啦,"他的老婆自杀"啦……每个家族里都有很多这样的事,这些事情从一开始就影响了我们,所以我们每个人的内心从小就累积了很多负面情绪。

这些负面情绪就像一座冰山,积压在内心,时不时就冒出来,不是刺到自己,就是刺到别人。打压,只会让它露出来的这个角变得更大。转移,它的体积还是不会变小。过一阵子,当你遇上别的事情,它又冒出头来。这样,负面情绪怎么清理得完呢?

最好的方法就是,跟负面情绪同在,不去打压、转移它,而是与它安然共处,不做任何事情,只是观照它,冰山露出来的角就会被觉照的光慢慢融化。然后,冰山又沉潜下去,但它还是存在的,只是少了一个角。过一阵子,别的事情来了,它的另一个角又冒出来,你还是用这个方法去观照它,这个角又会逐渐融化……这样不断操练，你会发现，冰山对你的影响越来越小。

而且，这个量累积到一定程度是会发生质变的。等到有一天，你会发现，本来无一物，所谓的负面情绪，不过是一些没有意义的能量的来去而已。到时候，冰山"轰"的一声就瓦解了，你发现这一切不过是幻象，是我们创造出来的游戏而已。

德芬的话

> 如果你不断重复做某件事，从生理学方面来说，我们某些神经细胞之间就会建立起长期且固定的关系，比方说，如果你每天都生气，感到挫折，每天都很悲惨痛苦……那么，你就是每天都在重复地为那张神经网络接连和整合。这就变成了你的一个情绪模式。

负责任地表达自己的情绪

◀ ❚❚ ▶

平时，我们有各种不同的策略来逃避压抑的情绪和不良的感受，而在生活当中，其实是有一个观察者在随时观察我们的喜怒哀乐的，只是我们常常把他忽略了。

在这里，我教给大家一个很实用的方法，就是找一个对象去坦陈，去告解。生活中，最好的告解对象是植物、蓝天、白云。

比如说，你看见一朵云飘过时，可以说："云啊，你知道吗？刚才我看到那个女人跟我老公说话，我特别吃醋，很愤怒。白云，我现在告诉你，我承认自己是一个易忌妒的人……"

你甚至都不用去接受自己是一个易忌妒的人，你只要"看见"就好了。因为忌妒是在潜意识中运行的，你把它带到表意识就行了。所以，当你感受到不好的情绪时，你要去找一个对象，比如说一棵树、一朵花，或是你信仰的神，去向它们告解、坦白、承认，甚至是拥有你的情绪。

为什么要讲"拥有"？因为我们常常不去拥有自己内在的东西，不喜欢的东西都被我们打压下去了，结果那些都变成了我们生活中的阴影，它们阻挡了我们回家的路。我们只有真正看到、接纳这些内在的想法和自己不喜欢的事物，才能去诚心地告解、承认、拥有，慢慢地，我们就会发现自己不再跟自己死较劲了。

另外一个方法就是，不要压抑自己的情绪。要知道，你当下所有的情绪，都不是当下的某个人、某件事，或是某种物勾起的，而是你内心压抑了很久，甚至从儿时就开始累积了，只是在这个时间点集中爆发了。

当情绪上来了怎么办？不要压抑，也不要选择遗忘，遗忘实际上是治标不治本的，表面遗忘，内心其实有很多东西还是没有处理掉。你要负责任地去表达它，不压抑，不转移，不自圆其说，不合理化，不否认它，而是去合理地、负责任地表达。

所谓"负责任地表达"，举个例子来说，你那天心情本来就很糟糕，结果停车的时候发现，以前老占你停车位的那辆车又停在了那里。

"不负责任地表达"可能就是，脾气一下就蹿上来了，先隔空乱骂一顿再说，或者是把车窗打破、轮胎刺破，等等。

而"负责任地表达"就是，先缓和一下自己的情绪，接着在一张纸条上写这么一句话：对不起，这里是×××的专用停车位，麻烦你下次停在别的地方，好吗？然后，贴在他的车窗上面就走。接下来你会发现，他之后就没有再停"错"过……

重遇
未知的自己

德芬的话

> 记住,每当生活出现问题,或是有负面情绪升起时,都是一个大好机会,可以帮助你进一步发掘你的旧伤,进而让你看到自己真正的面目。

内在空间的力量会影响你的外在

◀ ❚❚ ▶

这些年来，我走过的心灵成长路程可以总结为三个阶段。

第一阶段，就是唤醒沉睡中的你。我觉得很多人虽然醒着，但都还在梦中。像四十岁以前，我的人生模式就处于"自动化运作"的状态，每天做什么、干什么都已经有设定好的程序在安排，而我就像被牵线的木偶，完全丧失了自我。所以第一步要唤醒沉睡中的你，你"睡"着了，我把你叫起来，你可以探出头来，看看外面是什么样的世界，然后活出不一样的人生。

第二阶段，开始疗伤。因为我们每个人生下来都经历过很多伤痛，这些伤痛会造成我们意识上的一些行为偏差，并成为我们做事的动力。

比方说，基本上我是一个很难说"不"的人，每次别人求我，我说"不"就会觉得很愧疚，就好像对不起全天下的人。这愧疚从哪里来的呢？我从小有一个责任，就是拯救我的妈妈。我妈妈的命运没有我这么好，所以我小时候在她旁边看着她流泪时，就在内心里说我要拯救她。可我老是拯救不了她，因为我那么小，没有力量，所以小时候我经常出现的情绪就是挫败、自责和内疚。

带着对妈妈的愧疚，带着这份想拯救的欲望，我走入我的人生，而这就造成了我对人常常怀有愧疚感——明明跟我无关的事情，我却会觉得不好意思。这种心态就会带给我一些生活上的困扰，会让我变得不快乐，因为我实际上根本没必要做那些事，可是愧疚感会驱使着我非做不可。

而且，很多时候，我们是被这种潜意识驱使着往前走的，这就会造成我们的不快乐，因为我们不懂自己为什么要这样做。

我常常说，很多人都不是把快乐放在第一位的，因为有些人明明只要稍微改变一下生活习惯，或者性格、看法，就可以变得快乐起来，可是他们偏偏不这么做，钻在自己的牛角尖里受苦，还理直气壮。

第三阶段，你可以随心所欲地去创造你想要的人生，一步一步把你的内在力量收回来。如果你有愧疚的心理，有责怪人的欲望，或者有抱怨的情绪，甚至想要报复，这些情绪和感受都会减弱你的内在力量。等你慢慢从中疗愈，收回你的内在力量时，你就可以随心所欲地玩人生游戏了。

你可以试试看，如果把人生看作一场游戏，你要怎样才能玩得更开心？如果你能抱着轻松愉快的心情过你的人生，生活会更好。

当下的状态很重要，你的心情沉重，你的能量就沉重，你就会吸引来跟你的沉重能量频率相同的事物。如果你的心情很愉快，你的振动频率就会比较高，你就会莫名其妙地碰到好事，轻易地把一个又一个困难解决了。

说到底，我们的人生终归是在追求一种感觉，你可以住在豪宅里面，每天锦衣玉食，可是你也可能不快乐。如果你在精神上非常满足的话，你不需要住豪宅，也可以过得非常轻松愉快。

所以，如果我们想要做回自己的主人，想要找到那份自由自在的感觉的话，首先就要架构自己的内在世界，增强内在世界的力量。如果你把部分精力和时间放在你的内在空间的修炼上，你会发现报酬率是完全不一样的，因为内在空间的力量会影响你的外在世界。

德芬的话

> 在生活中，我们会遭遇种种困难，这些困难和问题其实都是来帮助我们了解自己的负面信念，也就是不利于你的潜意识动力，并且希望你能够在克服困难的过程中，让你被埋藏的力量失而复得的。

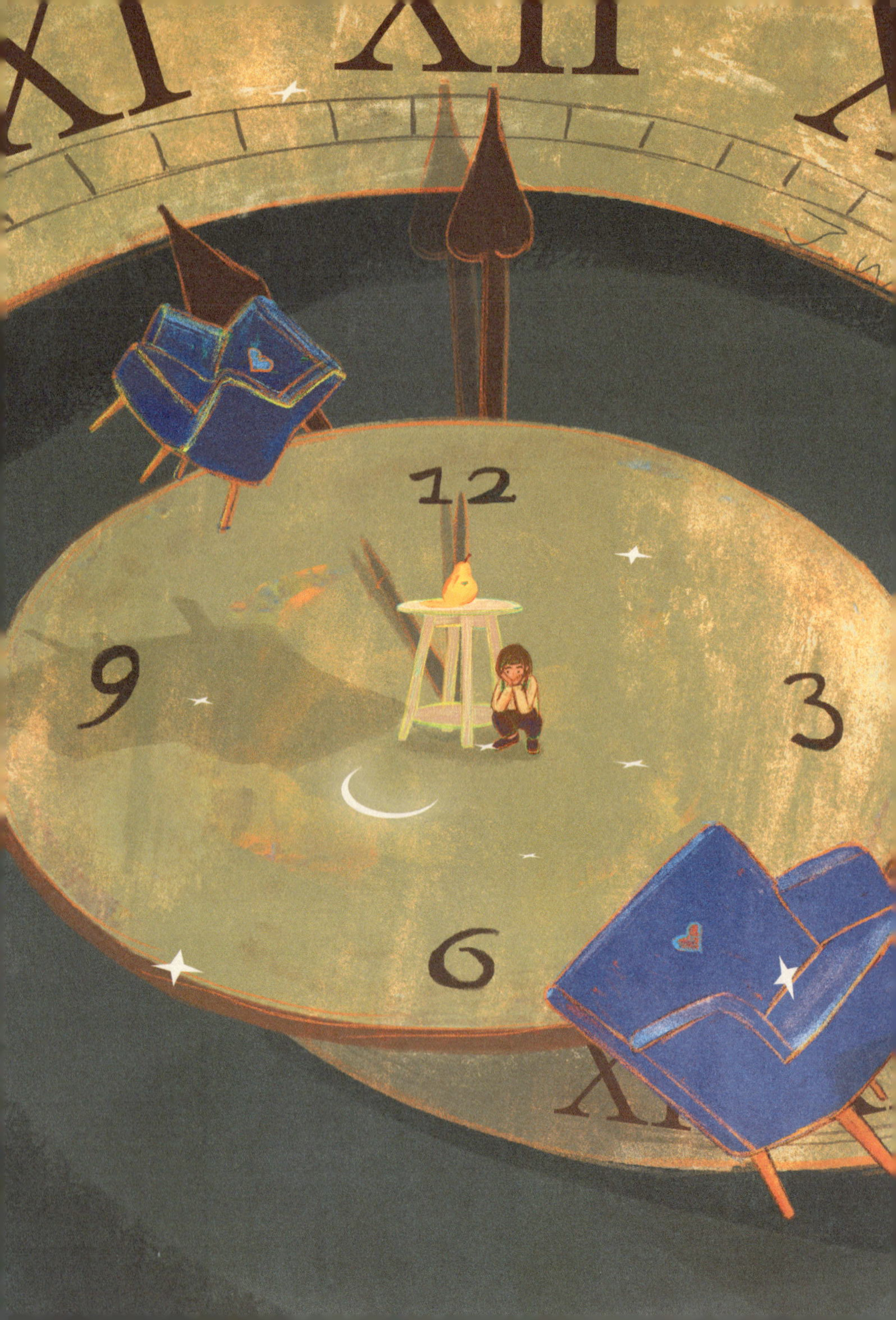

第四辑

幸福的门一直是敞开的

——让心头的能量自然地流动

如何看待人生大梦

◀ ❚❚ ▶

2011年初,有一位国际知名的心灵导师在网站上发布公告,并且发邮件给他的弟子们,要求太平洋沿岸的弟子在三天内撤离,以防海啸等灾难。

我那时刚好要回台湾,听了这个消息,我倒是一点儿也没有想要更改行程。这种事情本来就很难说,而且每个人都知道,我们无法得知无常和明天哪一个会先到,我不会因为这样的预言而改变我的承诺。

但我想了想,如果此去真的回不来了,我的人生是否有任何的遗憾?最先"冒"上来的是我那两个十几岁的孩子,我心想,他们在这个时候失去母亲是早了一点儿,不过这也是他们的命运吧。第二个小小的遗憾就可能是我还没有修成正果,我还是没有开悟、觉醒,没有时时刻刻完全处在自己想要的喜悦、和平及爱的境界当中。

其实,我们每个人都有自己的业,也有共业。该走的人,在哪里都会走;不该走的人,到哪里都走不了。只要我们不追随欲望,就不会受共业的影响。

这个社会天天在煽动我们追求物质的种种享受，因为商人要做生意，他们要鼓励你消费，才有钱赚。所以很多人认同自己是物质体，而忘了我们其实是不生不灭的，我们并不是这一具身体本身。如果你清楚地了解到这一点，就不会在意什么灾难的发生，因为你死不了。如果你的身体毁灭了，对你来说其实是种解脱。走的时候，如果自己心里有很多恐惧，那么你就会给自己创造一个地狱，自己走进去。如果走得自在祥和，浩然正气会把你带上天，做好事就会显化出天堂，所以临终的时候，内心的祥和很重要。如果你对这个世界存有依恋、执着，你就会被牵引回来，再度光临这个地球。

要想不去地狱，那你就别急于上天堂，因为这个世界是二元对立的。生命运作的原理，应该是你以出离心、离苦得乐的心态，用旁观者的眼光来看这个世界。这样一来，虽然大家都沉在水里，但那些没有觉知的人是在挣扎，有觉知的旁观者则是在游泳。

人生如梦，如果我们能用游戏人生的心态来过生活，就会悠游自在。就像你梦到自己从悬崖上掉下来，如果你知道你是在做梦，就能够摆动双手创造一双翅膀。如果你不知道自己在梦中，那么这个梦境将会让你感觉无比恐怖。所以，如果我们能以游戏的心情来看待这场人生大梦，就可以用心来转化梦境。圣人做事用心，凡夫用力。

如何才能认清自己的真面目呢？你必须放下自己，融化自己。我们都好比是大海里的浮冰，坚固而迷茫，而且喜欢和别的浮冰相

> 重遇
> 未知的自己

互比较，看谁比较厚，比较大块。但是有一天，在我们化掉自我，回归大海之际，就会知道，原来我们都是一体的，原来我们都属于同一片海洋，没有分别。原来所谓的"我"都是暂时的、虚假的。天上的云，地上的水、河流，都是"我"，化身千百亿的"我"。

能够这样生活，才得自在！

德芬的话

> 我们每个人不都是天天在演戏？扮演好员工、好朋友、好子女、好媳妇、好女婿、好父母，甚至好人。然而在戏份中，有多少是我们心甘情愿演出的？为了演好这些人生大戏的不同角色，我们每个人都要因地因时地戴上一些面具，难道这就是我们看不见真我的原因之一？

负面情绪不过是生命能量的自然流动

很多家庭暴力的施虐者,都是小时候被父亲痛揍着长大的。他们在表面上或是内心里可能对父亲的行为非常不齿,常信誓旦旦地对自己说:"我绝对不能像父亲一样暴力。"可是很不幸,当他们成家之后,暴力的行为往往很快就会出现。

随着现代人对心灵学、心理学的理解愈来愈深,很多人惊讶地发现,父母身上那些让我们深恶痛绝的行为模式,竟然不知不觉地被我们承袭了下来。这是为什么呢?因为在我们小的时候,父母就是天,他们是那么地高大、全能、全知,而且有力量,所以我们会不自觉地以父母为榜样。即使后来我们发现父母的行为常常不是那么完美和理想,但潜意识里已经自然地承袭了他们的行为模式。心理学家荣格曾经说过,你的意识层面所不知道的,就会成为你的命运。

面对这样的无奈情况,我们有没有什么方法可以应付呢?很多人在发现自己竟然重复父亲的那些不齿行为时,都非常羞愧,因此强自压抑自己的感受,比如愤怒、悲伤、自卑等负面情绪。但是情绪的能量无比强大,一旦压抑到无法承受的地步,反弹出来的能量也是无比之大，让人无招架之力。因为每一种偏差行为之下，一定是有一种负面情绪在驱使的。要想调整自己的行为，你就要先去拥抱自己的负面情绪，承认它们的存在。

就像失控打人的丈夫，如果他在愤怒的情绪刚刚出现时就有所觉察，感到自己想借暴力来逃避自己的感受，这个时候他可以安静下来，做个旁观者，观察自己身体上的种种反应，比方说拳头握紧、心跳加速、呼吸加快、胸口紧绷等。要知道，这些负面情绪不过是一股强而有力的能量经过你的身体时产生的自然反应，你不需要去害怕它们或是逃避它们，只需静静地与它们相处一会儿，然后你就会发觉，你不需要诉诸暴力，就可以让这些情绪自然而然地流经你。

由于我们都是习惯、惯性的奴隶，多数时候我们都是在无意识中选择自己最熟悉、最方便的行为方式来面对自己不喜欢的情绪，所以事后我们都会后悔，然后责怪自己。这样对你行为的修正是没有什么好处的。

如果你在情绪刚刚出现的时候就有所警觉，试着不要用惯性模式去回应你的情绪，那么你就能成为自己情绪的主人，你就跳出了那个可怕的"遗传"魔咒，获得了心灵的自由。

德芬的话

愤怒、悲伤、焦虑、恐惧……这些情绪都是一种能量,尤其对孩子来说,一些天生的恐惧、所求不得的愤怒、失望落空的悲伤,只是一种生命能量的自然流动而已,它会来,就一定会走。

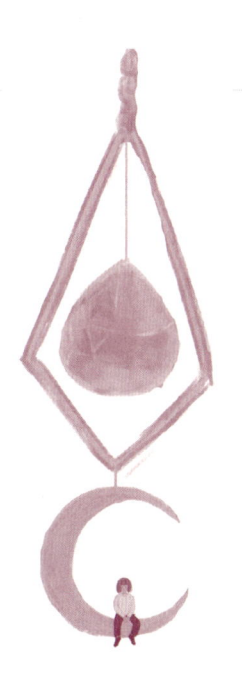

谁能写出玫瑰的味道

◀ ❚❚ ▶

谁能精准地描述香蕉的滋味？

谁能写出玫瑰的芬芳？

我们能用的词汇是如此有限，尤其是在个人成长的世界中。

我的书、我的公众号所描述的很多东西，比如说真我、潜意识、意识、宇宙、圣灵等，都不是用语言可以表达出来的。

但对吃不到香蕉、闻不到玫瑰花香的人来说，由于太过饥渴，所以会忍不住一直想问：那是什么滋味？

所有的语言都相当于用手指指向月亮，但我们要看的是月亮，而不是手指。

但是不经由手指，在浩瀚的天空中，我们无从辨别月亮到底在哪里。

最好的方法还是放下头脑，放下理解的欲望，每天抽点儿时间和自己在一起，在寂静中与自己共处。

在生活中寻找"神"（这里的"神"，也可以是宇宙、意识、爱、圣灵、大我、真我等）。

试图在路边的小花、小草中，每一个孩子天真的微笑中，情人相视的眼神中，穿过树叶洒在草地上的阳光中，以及帮助你的陌生人身上，甚至为难你的人身上看到神。

当你心中有神时，它是无处不在的。

当你心中没有神时，你眼中的世界就是不安全的、有敌意的。

试着放下语言、头脑的探索吧，在心中寂静的那个角落去发现神。

它一直在那里，从来没有离开过你。

德芬的话

> 我们的人生不是一下就能读懂的，慢慢来吧，只要有信心，我们就一定能够读懂自己！

90%以上的苦是没必要受的

◀ ⅠⅠ ▶

90%以上的苦都是我们自己创造的，这个观点不知道大家同意不同意。一路走来，我真的愈来愈接受这个观点。

我最近终于悟出了一件事，我之所以走上个人成长的道路，并不是因为我以前认为的：我什么都有了，在外面的世界中，我已经找不到东西可以满足我了，所以转而追求内在的世界。

真相是，我受苦的能力太差了。一旦我陷入痛苦当中，我就想要逃跑、抗拒、压抑，甚至将痛苦投射出去。所以，"个人成长"后来变成了我的一个护身符，你拿走了我的个人成长，我就失去人生的意义了。到处去上课，不停地读书，表面上是在寻找真理，其实是在追求离苦之道，而这过程，也变成了一种逃避痛苦的工具。

那修炼与不修炼个人成长有什么差别？

差别当然有啦！以前我是看到痛苦就逃避，现在可以安住其中，而且，在修炼个人成长的过程中学来的法宝的确可以减轻大部分痛苦（别忘了，90%以上的痛苦是自找的）。最重要的是，我的觉知、觉察能力大大提高，所以，当我察觉到我又不想面对痛苦，又在逃避的时候，我是带着慈悲的观照去体察那个情境的。

我常常佩服那些很能"吃苦"的人。真是苦啊！扮演受害者角色居然可以扮演如此之久，而且乐在其中，不去想办法脱离，只会不停地抱怨，不停地咒骂，不停地换工作，不停地换对象，有些人甚至连对象都不换，同样一个人、一件事可以抱持着好多年不放，尽管自己怨声载道，但还是停留在原地。对我来说，这种人的吃苦能力真是匪夷所思。

我在前面说过，如果你用同样的方式来做同一件事情，却想要获得不同的结果，这就是疯狂！可是放眼望去，这个世界真是一个疯狂的世界。大家都想要改变别人，改变外境，可就是从来不去想一想，也许你把眼光收回，稍稍改变一下自己，你的整个世界就改变了。

我周围有很多朋友，甚至我的亲人，都被困在这样的情境当中。我很心疼他们，但我已经决定了，除非他们开口求助，否则我是不会向他们"传教"的。因为，只有当一个人吃够了苦头，愿意从苦海中逃生，愿意转个念头想想——也许可以用另外一种方式来看待这个世界，也许可以用另外一种方式来生活，否则他们听不进去你说的话。他们需要的就是一个人倾听他们的抱怨而已，当他们说"都是别人不好，都是别人的错"时，你点头就好。

有一次，我去做瑜伽，老师是一个"菜鸟"新手。刚开始我很不愿意上她的课，因为我练瑜伽的时间比她还久，做得比她还好。

不过我现在对什么都比较释然了,所以到了瑜伽教室,发现是她教的,也就欣然接受了。在练习的过程中,有一个跳跃动作我老是做不好。这个老师指出我的错误,说:"往前跳的时候,把头抬起来,这样既看到了前方的目标,又让出空间来,就好跳了。"我恍然大悟,卡了这么久,一直做不好的一个动作,抬个头就解决了。

其实,我们的人生何尝不是这样?很多卡在心里的问题,很多无法渡过的难关,就是因为我们羞于向人启齿、求助,而自己在那里硬撑着。如果愿意提出来,摆在桌面上,然后用一颗诚实勇敢的心去面对它,很多问题就会迎刃而解。所以很多个人成长老师的功能就像那位瑜伽老师一样,在一旁观察你,然后给你一些提醒。此时,你才恍然大悟,明白自己这么多年的苦是白受的,其实,你完全可以不用活得这么辛苦,抬个头就跳过去了,就这么简单!

德芬的话

受苦有两种，一种是无知的、无明的受苦，就是任随潜意识的操控而受苦，同时在抱怨、抗拒那份痛苦。这样的受苦不能让你成长。

另外一种受苦是有觉知的受苦，当你感觉到撕裂般的痛楚，好像要爆炸似的愤怒时，你不逃避，不抱怨，而是全然地经历它。让压抑、隐藏多年的能量爆发出来，用不批判、不抗拒的态度，在全然的爱和接纳中去经历它。这样的受苦，是你走出人生模式、茁壮成长的契机。

人生不过是一场游戏

◀ ⏸ ▶

我曾经看过《楚门的世界》(*The Truman Show*)这部电影,感慨颇深。

楚门是一个从出生就被别人设计好来参与一档真人秀节目的孤儿。他每天二十四小时都生活在摄影机的拍摄灯光下,不经剪辑,直接播放给全世界的大众欣赏。

所以,楚门的爸爸妈妈是假的,学校是假的,同学是假的,邻居是假的。基本上,他生活在一个影城里,这就是楚门的世界。

当然,楚门本身不会这么觉得,他觉得他有自由决定明天要干什么。他娶了一个自己不是很喜欢的女孩,但也是绝对出于他的自由意志(至少他自己这么认为)。然而有一天,一些蛛丝马迹让他产生怀疑,觉得自己的生活有很多地方非常诡异,最后他终于找出真相,走出影城,开始了自己的新生活。

其实,我们每个人的生活都像楚门一样,是被安排好的。你可以说是命吧,在一定范围内,我们可以自己做主。比方说,楚门一早起来可以决定穿什么衣服,不过走到街上一堆鸟粪会不会掉在他的衣服上，这事就不是他能做主的。鸟粪掉下来之后，他的反应，他可以做主，但别人看到他会产生什么反应，他就做不了主了。

这个命，你可以说是老天定的，也可以说是我们来到这个世界之前，由我们的真我决定的。就像计算机程序一样，如果没有人为的因素去干扰计算机的运行，那它就会用某种模式永远地运作下去，你改变不了。

如果我们想要改变自己的命运，那我们必须看清楚我们现在活着的世界，是不是就像楚门的世界一样，是一个幻象，一场游戏？所以，改变的力量在你的内在，你内在的真我。关键就在于我们常常都觉得自己是命运的受害者，无法找到内在的力量去改变自己的人生程序。

这就是在人生的大海中浮沉的众生相，很不幸，我也是其中一员。我知晓了真相，但是还没有找到可以真正做出改变的窍门。对我而言，目前最管用的方法还是活在当下。放下自己心里的故事，定静在当下每一刻，至少你的情绪不会起伏太大。

如何定静在当下？很简单，就是注意你现在正在做的事情。当你在打字时，就全神贯注地打字；当你在洗手时，就感受一下水的温度。把注意力放在房间的温度、座位的触觉，或是自己身体的感受上面，然后好好地在当下这一刻呼吸。你知道吗？我们的思想总是在过去和未来，但是我们的身体和呼吸永远是在当下的。

这样，过去的纷扰和未来的烦恼不容易侵犯你，你可以安住在

重遇
未知的自己

眼前这一刻。而我们的人生，不就是每个眼前的这一刻串联而成的吗？你所能拥有的也只是当前这一刻，所以，好好珍惜它吧。

德芬的话

> 定静的功夫是最有效的对付纷乱思想和负面情绪的"武器"，因为它可以帮助我们建立觉知，提升我们对事物以及自我的觉察能力。而且在冥想时，如果我们的身体不动，情绪、思想都在严密的监控下，我们和自己的真我可以有短暂的相聚。虽然短暂，但已经接近生命的源头了。也许不能畅饮，但是我们多少可以沾染到那湿润的水汽。定静的功夫不是一朝一夕就可以建立起来的，不过在这个过程当中，你会愈来愈感受到来自真我的那些特质——爱、喜悦、和平。

如果我们想要改变自己的命运，
那我们必须看清楚我们现在活着的世界，
是不是就像楚门的世界一样，
是一个幻象，一场游戏？

顿悟也需要一个过程

◀ ❚❚ ▶

有读者朋友写信告诉我,看了我的书,他的抑郁症好了。其实,你不要以为一本书就可以治好你的抑郁症,因为它还会再回来的。像我就是一个抑郁体质的人,这样的人在很多事情上都会钻牛角尖。就是到现在,我也还会有抑郁的情绪,但我不会变成抑郁症患者,因为当抑郁情绪来临的时候,我就接受了它。

我还想说的是,不要把我的书、我的公众号,或是任何一种个人成长的法门当成护身符,这句话的意思并不是说我们不可以接触这些东西,而是说要有觉知,心里要清楚,个人成长是一个过程,而且是一个很长的过程,不可能通过一本书、一位老师就让你开悟。世界上没有一个人,也没有一种法门可以在一夕间就让你顿悟,让你永远快乐。

摆脱抑郁的情绪,摆脱你的不快乐,最好的方法就是不抗拒,就是无为,发生了就发生了,你要试着去接纳它,不要说因为不甘心,就挣扎着想要"爬"出来,去抵抗它。

很多人担心地说,那我万一在这样的情绪里面出不来怎么办?其实不会,你只要心甘情愿地接纳你的不快乐、你的忧郁,你就自然走出来了。钟摆就是这样，你越去阻止它，它摆到这里的时候，就越摆不回来了。你不去妨碍它，时间到了，它自然而然就会摆回来。我们修行的时间越久，就越是希望情绪的波动不要太大，不要因为外在的一件事就欣喜若狂，高兴得不得了，这样的话必定会有反面的效果。

所以，找到一种内在平安和喜悦的感受，这是最持久，而且别人拿不走的，是外面的人、事、物都动摇不了的，这才是最重要的。

比如说，学习常常感恩，这一阵你就只去感恩，并给你的生活定一个正向的主题，久而久之，两三个月后，你一定会看到你的生活有一些改变，甚至你会发现，周围的人也告诉你，你有了些变化。

德芬的话

> 有些人每天把时间排得满满的，就是不愿意去面对自己。你不想面对自己内在的那个部分，就像《爱丽丝梦游仙境》里的那个兔子洞一样，又深又暗，连耶稣、佛陀、任何大师都碰触不了。只有当你自己愿意进去探索，把里面的东西拿出来，摆在阳光下接受疗愈，或是把光带到洞中时，疗愈才会产生效果。

你是否喜欢做自己的伴侣

◀ ❙❙ ▶

你靠什么谋生，我不感兴趣。

我想知道你渴望什么，你是不是敢追求你心中的渴望。

你几岁，我不感兴趣。

我想知道你是不是愿意冒险，看起来像傻瓜一样去冒险。

为了爱，为了你的梦想，为了生命的奇遇。

什么星球跟你的月亮平行，我不感兴趣。

我想知道你是不是触摸到了你忧伤的核心，你是不是因为生命的背叛而敞开了心胸，或是变得枯萎，因为怕更多的伤痛。

我想知道你是不是能跟痛苦共处，不管是你的还是我的，而不想去隐藏它，消除它，整修它。

我想知道你是不是能跟喜悦共处，不管是你的还是我的；你是不是能跟狂野共舞，让激情充满你的指尖到趾间，而不是警告我们要小心，要实际，要记得作为人的局限。

你跟我说的故事是否真实，我不感兴趣。

我想要知道你是否能够为了对自己真诚而让别人失望；你是不是

能忍受背叛的指控，而不背叛自己的灵魂。

我想要知道你是不是能够忠实而足以信赖。

我想要知道你是不是能看到美，虽然这个世界不是每天都美丽，你是不是能从生命的所在找到你的源头。

我也想要知道你是不是能跟失败共存，不管是你的还是我的，而且还能站在湖岸，对着满月的银光呐喊"是啊！"。

你在哪里学习、学什么、跟谁学，我不感兴趣。

我想要知道，当所有的一切都消逝时，是什么在支撑着你。

我想要知道你是不是能跟你自己单独相处，你是不是真的喜欢做自己的伴侣，在空虚的时刻。

这是我转自某位印第安长老的一段话，我读了之后感触很深，推荐给大家。

德芬的话

> 为什么真我的表现就是爱、喜悦、和平？为什么瓜熟了就会落地？因为这是再自然不过的事情了。古老的智慧经典，古来智者的言语，说的都是同一件事：我们的本质就是爱、喜悦、和平。

我们追寻的不过是活着的体验

◀ ❚❚ ▶

有一次,我听一位道家高人谈到有关地球未来转化的比喻,觉得非常贴切。他说,在地球上生存的人类就像是一个小鱼缸内的鱼,由于鱼们没有好好爱护环境,让鱼缸里的水受到了严重的污染,于是,鱼缸里的环境渐渐会不适合这些鱼类生存。而养鱼的主人,也就是宇宙,非常慈悲,他早为我们准备了另外一个更大、更好的鱼缸,并且派了一些鱼到旧鱼缸中,让大家知道有另一个鱼缸的存在,同时要慢慢适应,转移到大的鱼缸中继续生存。

大鱼缸就象征着我们未来的新地球,有人说是四维空间,在长、宽、高的空间之外,加上时间作为另一个维度。无论未来是什么样的新世界,我们都要了解、知晓新世界的游戏规则,也就是心灵的法则,而且要关注那个层面的世界——开发我们的内在空间。如果我们还是着眼于旧鱼缸中,从事各种竞争、厮杀、争夺的行为,以满足自己的物质欲望的话,就很难从旧鱼缸过渡到新鱼缸。

其实,我们要做的很简单,就是单纯地去体会生命的喜悦,知道让我们心灵平安、宁静的不是外在的事物,而是自己心中那个内在的空间。

最近读到约瑟夫·坎贝尔这位大师的一段话,非常喜欢,在此与大家分享:"很多人认为人类所追求的一切就是生命的意义。我不同意。我认为人们真正追求的是一种存在的体验……我们才能真正体会到存在的喜悦。"

希望大家都能感受到"存在的喜悦",而要得到这种喜悦的先决条件,就是要能决定自己用何种态度来面对生命中所发生的每一件事,是的,每一件事。为自己的生命负起责任,到了最后,你就会发现,原来生命是这么美好!

心理学家维克多·弗兰克尔就说:"人们一直拥有在任何环境中选择自己的态度和行为方式的自由。"这或许就是我们的终极功课吧!

重遇
未知的自己

德芬的话

与其锲而不舍、不断努力地付出，以达到你的目标，不如尽到本分之后就静观其变，学习接受结果的自然呈现。

与其什么事情都要立刻获得是或不是、对或错、要或不要的答案，不如学习稳坐在矛盾、暧昧、隐晦之中，耐心地等候正确时机的出现。

与其一味地争强好胜，不如学习接受别人的关怀和照顾，甚至接受"失败也是可以的"。人生真正的失败是一味地追求成功，最终却发现那都不是你真心想要的。

与其强求事情都要按照你所希望的方式发生，而不断去控制周遭的人、事、物，让自己变成控制狂，不如让事情自然而然地发展，学习包容和宽恕。

与其要求别人的言行举止都要按照你的意思来进行，不如对人多一分宽容和慈悲。

我们错过了多少

◀ ❚❚ ▶

  一个小提琴家在华盛顿地铁站的入口站了许久。那天的温度很低,他连续演奏了四十五分钟。他先拉巴赫的,接着拉舒伯特的《圣母颂》,然后拉庞赛的,接着拉马斯内的,最后又拉回巴赫的。

  那是大概早上八点,此时此刻,成千上万的上班族通过这个地下通道前往工作地点。三分钟后,一个中年男子发现小提琴家在演奏,他放慢脚步,停留了几秒钟,然后又加快了脚步往前走。过了一分钟,小提琴家得到了他的第一张钞票——一个女人扔下的一美元,但她没有停下来。再过了几分钟,一个过路人靠在对面墙上听他演奏,但看了看表就走开了,很显然,他要迟到了。

  对小提琴家最感兴趣的是一个三岁的小孩。他的妈妈又拉又扯的,但那个小孩就是要停下来看小提琴家演奏。最后,他妈妈用力拖才使他继续走。小孩一边走还一边回头看小提琴家。

  在这四十五分钟的演奏过程中,只有七个人真正停下来听他演奏。他一共赚了三十二美元。

  当他演奏完毕,没有一个人理他,没有一个人给他鼓掌。一千多

个人中，只有一个人发现这位小提琴家原来就是约书亚·贝尔（Joshua Bell）——当今世界上最有名的小提琴家之一。

他在这个地铁站里演奏了世界上最难演奏的曲目，而他所用的小提琴是意大利斯特拉迪瓦里家族在1713年制作的名琴，价值三百五十万美元！

就在他站在地铁站演奏的前两天，他在波士顿的歌剧院里表演，虽然门票上百美元，却座无虚席，一票难求！

这是真实的故事。

约书亚·贝尔在地铁里演奏一事，其实是《华盛顿邮报》一手策划的，目的是测试人们的知觉、品位和行为倾向。

这个故事让我感慨万千。

第一个感慨是：我们每天庸庸碌碌地生活，可曾想过我们究竟错过了多少美丽的事物？我们可能未曾驻足去欣赏生命中的美好。

第二个感慨是：我们太注重外表的包装了，常常无法欣赏事物的本质、内涵。这就形成了"名牌效应""名人效应"。有名的人、长得漂亮的人，就会被无故加分。这让我想到大师们教导的"初心"的重要性。不带成见地去迎接我们生命中的人、事、物，也许我们可以因此发现更多的美丽、更多的乐趣吧！

这也让我对自己日渐旺盛的名气更加感到淡泊。很多粉丝对我非常热情，可他们爱上的只是他们心目中的那个完美的形象，不是真正的我。在我褪下身上所有的光环后，剩下的才是真正的我，不生不灭、不垢不净、不增不减。外在的毁誉褒贬不会影响真正的我。我们一生的使命,其实就是来体验这个真我——在这如梦似真的幻象世界中,找到那个不变的本质。

读了这个故事之后,我们要问自己的问题是:

◎在一个公共场合,在一个不适宜的时段,我们是否能够欣赏到美?
◎我们是否会停下来欣赏?
◎我们是否能在一个不适宜的环境下发现人才?

可能的结论是,如果我们确实没有时间停下来,去听一听世界上最优秀的演奏家演奏的最优美的旋律,那不知道还有多少美好的东西会从我们身边溜走。

重遇
未知的自己

德芬的话

家人相聚,做各种运动,泡夜店,看电视,看电影,睡大头觉,打麻将……放松之后,准备下周一重新投入战场。

忙碌,忙碌,每个人都很忙碌。

追求,追求,每个人都在追求。

但为什么这个社会、这个世界、我们人类,没有愈来愈好呢?

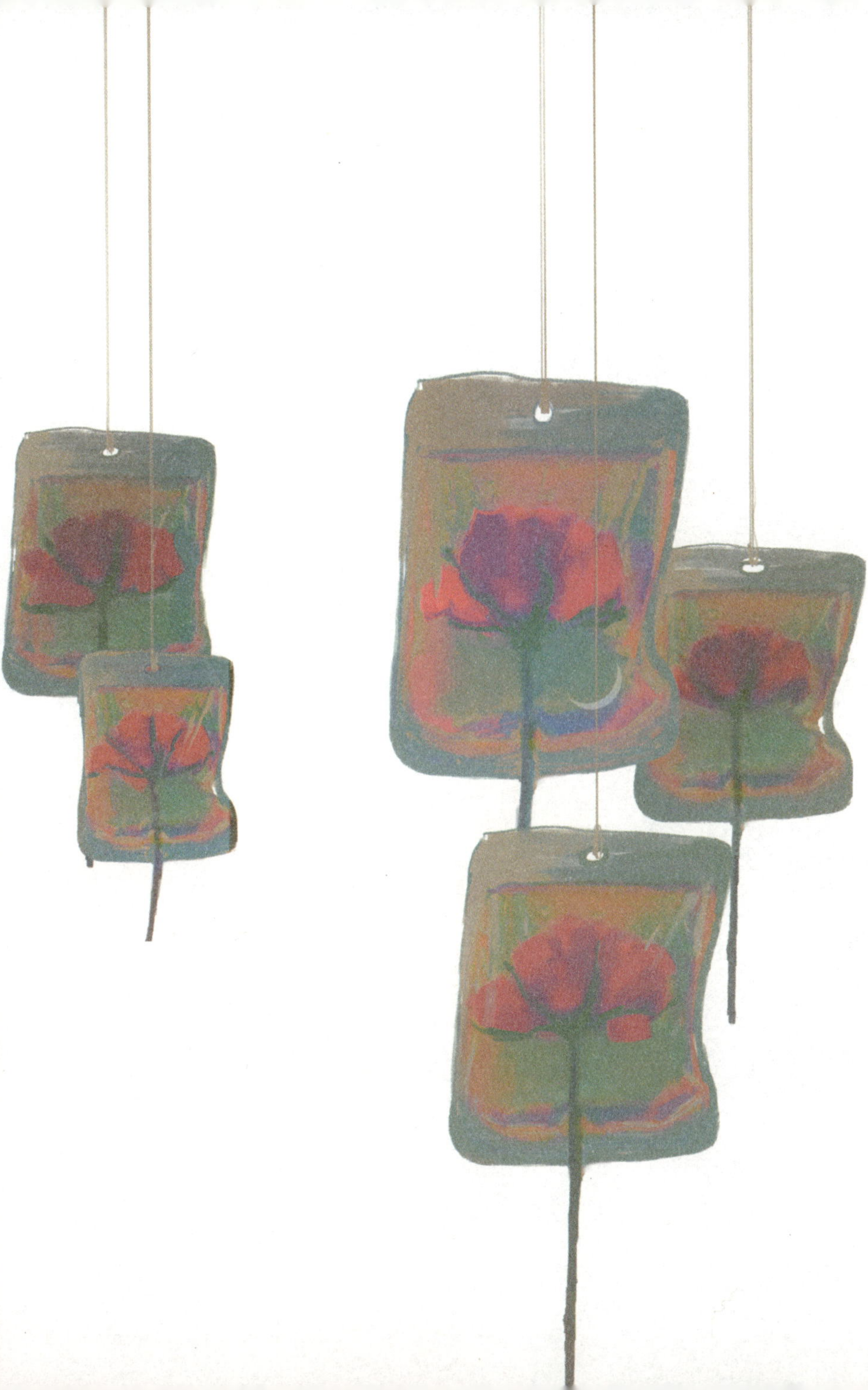

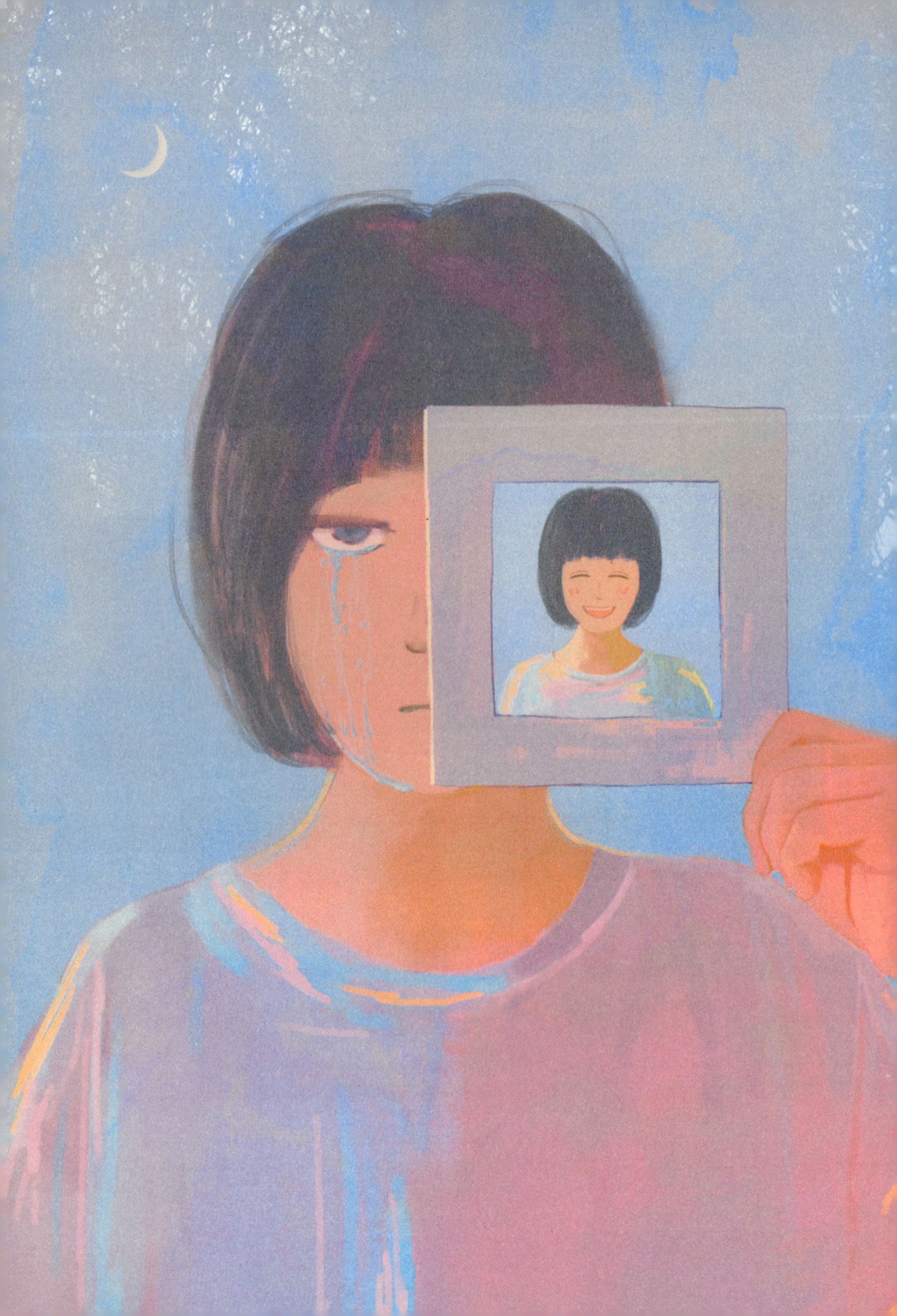

第五辑
拥抱生活中的阴影

——活出一个你不知道的状态

我们来到这个世界的真正目的是什么

◀ ❙❙ ▶

曾有一位催眠治疗师说,除了那些患有严重心理疾病、神经症性心理问题的人,来找她体验催眠的人的共同点是不认同自己、不接纳自己、不喜欢自己,内心普遍有恐惧感,而且敏感、多疑。这些心理问题如此普遍,背后的原因可能有很多,比如说社会层面的、家庭关系层面的,还有我们与生俱来的人性弱点等。

我要说的是,每个人生下来都是一张白纸,不知道自己是谁,也不知道如何爱自己。我们周围的人、事、物就像一面镜子,映照出我们的形象。因此,我们从父母的眼中、社会的认同中来判定自己是谁,并学习爱自己。

很遗憾的是,我们的家人和社会教育并没有准确地告诉我们"我是谁",他们也很少鼓励我们活出自己的独特性。父母有他们自己的期望,希望孩子能以他们想要的方式展现自己。而社会有一定的规范,要求我们发展成什么样的人。如果不能符合他们的要求,他们会用批评、责备、冷漠、不赞同的眼光、语言或行为来告诉我们,我们这样是不行的,我们不能只顾做自己,而要符合他们为我们设定的标准和规范。所以很多人无法找到自己，无法认同自己。

其实，缺乏安全感也好，不认同自己、不接纳自己也罢，这些都不是现代人独有的心理问题，这些问题可能来自我们本身：生而为人，对自己的不了解，对外界的不了解，都会让我们缺乏安全感。

但我们又总是习惯去比较，通过与周围人的比较来认识自己（比如说，我是聪明，还是笨），所以很多人都会觉得自己不够好。又或者说，我们从小接受的价值观告诉我们要怎样生活才安全，怎样才能取得成功，怎样才像个女孩子，等等，几乎没有一件是我们自己能决定的事。我们的人格都经过了外界的塑造和扭曲，而我们内心深处并不接纳真实的自己，所以我们常会感到纠结、拧巴、自相矛盾、迷茫。

就像我以前说的，父母、老师和社会教会了我们看待自己的方式，结果是，我们都是被"程序化"的机器，只能在有限的"安全模式"下运作，无法发挥自己真正独特的个性和能力。

走上个人成长的道路，可以帮助我们一点一滴地找回真正的自己，发挥自己的专长，完成我们来到这个世界的真正目的：疗愈自己的灵魂。

重遇
未知的自己

德芬的话

其实,我们人一生下来就会有一定的性格倾向,像外向、内向、悲观、乐观等。然后,我们后天的环境,像家庭、学校、社会、朋友等,都会帮助我们在童年的时候定好一些游戏规则,从而给我们创造种种价值观和信念。

简单说来,就像这个公式:性格倾向 × 外在环境 × 各种教育 × 生活事件 × 前世业力(如果你信的话)= 人生模式。

如何走出受害者牢笼

生命中的每一个问题,几乎都因为我们把自己囚禁在自己设置的受害者牢笼之中。这个"小我"设计的陷阱是这样运作的:你会有一种受害者意识,即都是别人的错,别人的行为、别人说的话让我受到伤害(这里面有一种理直气壮的期待:你必须满足我的需求),所以我痛苦。

有受害者情结的人,都是无法对自己的生命负全责的人。他能做的,就是自怨、自艾、自怜,即使知道这样做,对事情本身、对自己、对他人一点儿帮助都没有。

受害的人,他的内在其实还会有一个声音跳出来,那就是:"你已经做得够好了,他这样是因为××,你下次再努力一点儿,再小心一点儿,再忍耐一点儿,多付出一点儿,再变好一点儿就好了。"这就是拯救者的声音,它从理性的角度来说教、劝诫、教训你,并且做你忠实的啦啦队队长,给你加油打气。但是,拯救者的声音只会让我们更沮丧,更加觉得无力。于是,另外一个声音的诞生就有必要了,因为它会带给我们虚假的力量感。

那个声音会说："那个混账东西，他以为他是谁啊？过分！你就不应该对他那么好，下次一定不能留情。""你就是这个样子，懦弱无能，我真为你感到羞耻。"这就是迫害者发出的声音。指责、批判、

拯救者
帮助者，实行者，修复者，慷慨的救济者，牺牲奉献者，计划者，寻求解决者，分析者，指导者，道歉者，维持和平者，宽容者，取悦他人者，慈善的在高位者，能干者，"有知识的"驱策者。

迫害者
不耐烦的训练官，恶霸，嘲讽者，理直气壮的完美主义者，多疑的在高位者，愤怒的，喜欢批评的，虐待的，严苛的，责怪者。

卡普曼三角

受害者
代罪羔羊，叛逆者，依附他人的，丧失行动力的，可怜的，绝望的，沮丧的，受虐的，倦怠的，怀疑自己的，受伤的，依赖的，忧郁的，放纵的，受到不公平对待，自艾自怜，停滞不前的抱怨者。

此图摘自《亲密关系：通往灵魂的桥梁》一书

怪罪、憎恨、埋怨——用这些负面情绪和行为来表现自己的不满。每一天，我们脑袋里的声音就是这样轮流变换角色，让我们陷在头脑里的对话中，作茧自缚，沉溺在负面的情绪和思考中。

知道这个模式当然很有用，但你必须知道这个牢笼的出口在哪里。很多人以拯救者的身份，天天在努力鞭策自己，或是用迫害者的角色去驱策他人，给别人带来很多压力，也给自己找麻烦。其实，这个迷宫的出口就在受害者本身。诀窍就是，愿意停留在受伤的那种情绪里，不管它是自卑也好，是无价值也好，是背叛也好，你不试着逃避，而是愿意和这种情绪待在一起，愿意去穿越它。

受害者之所以会选择受害的心态，是因为他的内在需要经历这样的情绪，其实这就是他的人生模式的一再重演。为什么他要再度经历这种从小就令他害怕的情绪呢？因为他的灵魂想帮助他疗愈童年的创伤。

我们以前经历的伤痛，如果没有被疗愈，就会不断地在我们的生命中创造类似的情境，好让我们反复经历这些我们以前压抑的，或是没有好好面对的情绪，但这正是我们的出口。当你挣扎、爬行，通过了关口之后，你会发现有好大一份天赋礼物在出口的另一端等待着你。

所以受害者的牢笼看似难以逃脱，事实上，如果你带着勇气和决心去穿越重重的关卡、黑暗的隧道，你就能在另一头看到亮光。这是一种多大的解脱和自由啊！不再随着他人的行为和情绪起舞，能够拥有内在的力量，在各种纷扰的状况中还能怡然自处。这也是我正在走的方向。

困难就是，我们的"小我"太会编故事，编到最后连我们自己都不得不相信对方真的是坏人，太不通情达理或是太不正常。而且，旧伤是如此之痛，我们投射出去责怪别人要比自己舔舐伤口容易得多。

我有一个朋友，修炼个人成长也有很长一段时间了。在年纪不小的情况下，经历了一段刻骨铭心的爱情。后来对方撤退走人，她一直不能原谅对方，还使出各种报复手段，包括报复她自己——得了抑郁症。对方触动的是她内心深处的无价值感，这其实是她的原生家庭就不断"提供"给她的。一旦再度和她从小到大最不愿意面对的感受赤裸裸地相逢，多年的修炼都派不上用场，最终元气大伤。

我们外人会觉得，男欢女爱，又都是成年人了，交往一阵子，每个人都有自由觉得不适合而走人（当然，你的"小我"会有借口，他做得太绝、手段太卑劣了等）。但是，双方没有婚约，为什么对方不能变心呢？如果你对他那么深沉的爱，转瞬间就可以化为这样的恨，那么你给出的也不是真爱，你与对方不过是五十步笑百步而已。因为双方都是为了"小我"的需求在恋爱，都不是真爱。

不过，当我们依旧迷失在幻象中时，在红尘俗世的纷扰、烦恼中，我们不由得赞叹"小我"设计的受害者剧码真是足够耐看。人世间的悲欢离合，都是这样被创造出来的。对这一切了然于心之后，下次再度中计进入牢笼时，你是否能够比较快速地脱身呢？我们一起努力吧。

德芬的话

我们的人格愈是发展,我们埋藏在深层的阴影就愈多。如果我们只偏颇地活出我们生命的一部分,不了解我们深藏的阴影的话,阴影就会破茧而出——它会在我们的生活中创造出愤怒、批判、抑郁、梦魇,甚至是疾病和意外。

不放过你的是你的思想

◀ ❚❚ ▶

健康的身体是怎样的？健康的心灵又是怎样的？健康的身体，大家都能感觉得出来，如果你精神健康，没有疾病，每天都精力充沛，睡得好，吃得香，拉得畅快，你当然就属于健康一族。

心，主要指我们的情绪和思想。情绪要怎样才算健康呢？我们不要以为负面情绪就是心灵不健康的表现。当负面情绪来的时候，你对它的态度是怎样的，这才是问题的关键。

到现在，我有时候还是会觉得抑郁、愤怒、悲伤，但是当这些负面情绪来的时候，我能够以平常心对待它们，并试着坦然地在那个当下经历它们，而不是去阻挡自己的感觉。我觉得很多男性朋友会有这个问题，每当感到悲伤的时候，就告诫自己：我不能悲伤，不能发脾气。然后就压制下去，长时间这么做，就会给身、心、灵带来健康隐患。

愤怒来的时候，你不要去压制它。大家可能都觉得情绪就是情绪，情绪具体是什么，又说不清楚。其实，不管是好的情绪，还是坏的情绪，都是你的身体对你的思想的一种反应。身体和这些不好的情绪之间是互相影响、恶性循环的。所以，每当负面情绪来的时候，请你在身体上感受它，完全跟它在一起，这叫作全然地经历你的负面情绪，不要逃避，不要压制，更不要把它投射到外面。

你可以适当地发泄，比方说捶打枕头痛哭一场，到山里面去大吼大叫痛骂对方，让情绪像一种能量一样自然地流经你。这时，你只是负面情绪流经的管道，而不是装盛它的容器。

那我们平时要怎么培养好的情绪呢？我的建议是，多做自己喜欢做的事情，要好好照顾自己的身体，吃的东西的好坏、睡眠的质量、锻炼的状况等，你都要有所讲究。只有你真正地对自己好，情绪才会慢慢好起来。

还有思想，大多数时候，我们的想法都是不真实的。我曾经讲过，所谓的受苦，其实90%以上是因为我们相信自己的想法。

比如说，某件事情其实已经过去了，但你的思维还是不放过自己，所以夜深人静的时候，你一个人坐着，喝着最心爱的巧克力牛奶，这个时候，你脑海中突然想起某件挫败的事，这个念头一出来就破坏了整晚的气氛，这就是被我们的念头、思想害的。所以，不要相信你脑袋里所想的每一件事情，还有它"说"的每一句话。

我们常常根据不同的情节编造不同的故事，结果把自己弄得很悲伤，很恐惧，很愤怒。怎么办呢？这时，你就要在当下检视你的思想，问问自己：我在想什么？我脑袋里面的声音在跟我诉说什么样的故事？这个故事是真的吗？我要相信它吗？有没有更理性、更符合事实根据的版本呢？我是否可以从另一个角度来诠释它？

通常情况下，我们总是选择自己想听的版本，符合自己需求的版本，可这未必是最好的版本。所以，当你不带着觉知和意识去选择时，你就是被命运在操纵着。

德芬的话

当你去观照自己的思想时，会发现你所想的事物不是在过去就是在未来，很少是当下这一刻的关注。这时，如果你把注意力拉回到你正在做的事情上面，就可以阻止自己胡思乱想。

如果你当时没有在做，那就把注意力放在你的内在身体上，体验你当时身体各个部分的感受，或者把注意力放在呼吸上面。因为我们的思想总是在过去和未来，但我们的身体和呼吸永远是在当下的。

行走在个人成长的道路上

一个印度上师曾经跟我说过一个故事,在这里,我跟大家分享一下,并附上我自己的理解和观点。

从前有一个国王,在打猎的时候与随从走散了。他在山林里绕了三天三夜,筋疲力尽。当他衣不蔽体的时候,来到了一个村庄。

村庄里有两兄弟——拉穆和夏穆,两人正在耕田,看到这个狼狈的"流浪汉"就收留了他,招待吃住,十分热情。国王吃饱了,梳洗完毕,换上干净的衣服,感激地对两兄弟说:"你们不知道,我是这个国家的国王,谢谢你们的招待。为了表示感激,我将答应你们的任何一项请求,请不要客气。"

两兄弟看国王真诚地询问,于是哥哥拉穆说:"我是个佃农,没有自己的田地,请国王赐给我八亩地,让我可以在自己的田地上耕种。"国王慷慨地允诺。

弟弟夏穆说:"我什么都不要,只要国王每年过新年的时候,能来我家吃一餐饭就可以啦。"

国王很诧异,问道:"来你家吃饭?那你能得到什么呢?"

夏穆说："这是我的心意，您不答应也可以。"于是国王爽快地答应了。

过了一段时间，新年快到了。国王想起来自己的承诺，告诉侍从："我新年的时候要去某个村庄的农民家吃一顿饭。"

随从一听，傻眼了，赶紧禀报大臣。大臣们再三劝说，国王坚持要去。于是，大臣急忙派人到夏穆家查看。一看，农舍如此寒酸，怎么能让国王来这种地方吃饭？于是立刻动工把夏穆家改成一座小宫殿。国王要来这个村，村子到处破破烂烂的也不像话，于是又出钱修村子。国王旅途劳累，一路上不能让他太颠簸，所以路也要修好。

一时间，夏穆的家、整个村子以及周围的设施、交通都令人耳目一新。夏穆神气得不得了，很多人要巴结他，和他做生意、交朋友，因为国王每年都会来他家。夏穆的生活有了焕然一新的改变。反观他的哥哥拉穆，每天还是得种田，除了收入丰厚一点儿，没有太大的改变。

在这个故事中，国王象征个人成长，即我们的内在真我、大我、神，或是任何你喜欢的、象征宇宙意识或最高力量的名字。我们的生活中有无数麻烦、困境、问题，也许我们可以经由努力工作来改善经济状况，经由学习和沟通来改善各种关系，但是，只要你最终接上了真正的个人成长，你的一切问题终究都会解决。

所谓的修炼道途，其实就是我们在建立与个人成长的关系，一旦关系建立了，恩典就会源源不断地来到我们的生活中。

经常有读者写信来诉说他们的故事，也许有些人的某个问题经由我的点拨可以暂时获得疏解，但问题还是没得到根本解决。用不了多久，他在生活中又会遭遇其他难题。

个人成长的道路是要实修，是需要你去体验、去实践的，不是你看两本书就可以获得快乐，问两个问题就可以解决终极问题的。我当初写书，就是想要跟大家分享我的心得，怎样从不快乐到快乐，怎样才能更加了解自己，进而与自己成为朋友。当我的内在改变了以后，我的外在，比如说健康、财富、亲密关系、亲子关系都有了长足的进步。

这是我修了好多年的结果，大家也许可以因为我的分享而缩短修行的时间，但不可能一蹴而就，还是要实修、实修、实修。

与其临渊羡鱼，不如退而结网，结了网就能抓到鱼了。

德芬的话

> 观察者会影响实验的结果，所以不同的人做出的实验结果是会有差异的。有些人特别爱花，爱动物，说也奇怪，那些植物、动物也会因人而异，有不同的表现。

只要你最终接上了真正的个人成长，
你的一切问题终究都会解决。

无意识，人类一切祸乱的根源

最近，社会的暴力现象愈来愈严重，令人痛心。

一名音乐系的大学生在撞伤一名女性之后，由于这名女性在记他的车牌号，他竟然用弹钢琴的手拿刀多次刺向对方，致其死亡。

一名留学生在机场和前来接他的母亲一言不合，竟然当场拿刀刺了母亲数刀。

一名俊男和交警发生冲突，呼唤父亲前来助阵。偕同两名友人，这对父子在街头当场把交警活活打死。一名友人还大喊："我今天不但要打死你，还要把你这一身皮都剥了。"

这些可怕的新闻，让我心痛。

这些人有这么高的知识水平，生活也算优渥，怎么会一时丧心病狂，做出这种事？他们难道不知道，杀死一个人要负多大的责任，远比把人家撞伤来得严重吗？这些人怎么没有想到自己会陷入多惨的境地？

我只能说，在事发的那个当下，他们都进入了无意识当中，完全丧失了理智。无意识，就是人类一切祸乱的根源。

李尔纳老师就教导我们，在个人成长的道路上，我们要把每一块无意识的石头都翻过来，看清楚。

对一个陌生人怎么可能仇恨到要杀死对方，而且还要剥他的皮？这个人在对一个陌生的执法人员拳打脚踢的时候，他可能在发泄对爸爸的愤怒，因为小时候爸爸也是这样对待他的。他一直没有机会报复，现在可好了，机会来了。无意识才不管你报复的对象是不是当初加害你的人，它只想发泄。

所以，就像李尔纳老师说的，你需要负责任地把情绪表达出来，不要压制它们。所谓的负责任，就是用不伤害他人的方法，发泄你的愤怒。你可以对着枕头狠狠地捶打，承认你对父母的愤怒，让你的愤怒有个出口。然后，原谅他们，也原谅自己。愤怒是不知道原谅的，愤怒无法宽恕，它只要报复，那就让它报复吧。报复完之后，你还是可以回去做你的乖孩子，但你内在的愤怒已经获得解放了，不会在未来某个被触发的时刻，突然跳出来坏事。

我发现，承认自己有愤怒是最重要的一步，第二步就是用适当的方式把它表达出来，让积压在你内在的能量能够自由流动。

另外就是，我们常常习惯性地做出一些机械性的反应。像钢琴杀手的例子就是，他被恐惧驱使，没有看到自己的恐惧是不成比例地被放大了。如果当时他能立刻反观自己的恐惧，愿意和自己的恐惧相处，而不是用去除外在的障碍来消除恐惧（这可能是他从小到大的一贯反应模式），那么他就不需要因杀人使自己陷入更悲惨、更恐惧的境地了。

我现在每天都在试着去翻动自己的无意识"石头",方法很简单:任何人激发了你的情绪的时候,就是你该去寻找那块"石头"的时候。

比如说,我翻到一块控制欲的"石头",希望别人按照我的方式来做事。这是霸道的我,好,我看到了,接受了,让它过去。

我翻到一块需要别人尊重的"石头"。我看了看事情的来龙去脉,人家其实不是不尊重我,只是他有自己的想法和做事的方法。嗯,低自尊的我,需要别人的尊重。好,我看到了,我愿意创造更多的空间允许别人做他自己,同时我可以尊重自己,不需要他人来尊重我。

我翻到一块批判的"石头",觉得别人冥顽不灵,而且傲慢顽固。啊,这是我自己的投射。我也要接纳自己的傲慢、顽固,看到它,接纳它,感谢别人愿意做"镜子",让我看到自己。不需要去批判对方,他有权利做他自己。

翻来翻去,我发现我可以更多地放下了。我可以有更多的空间去包容别人,了解每个人都在为自己的利益努力,并不是有意要侵犯你。我看到了这些,我愿意接纳,因为我要自由,我不要被自己的无意识关在牢笼里,还要拉别人进来做"共犯"。

如果我们能够不断地去翻动自己无意识的"石头",我们就会寻找回来更多的自己,我们的心情会更愉快,日子会更轻松。当然,你身不由己地去做一些无意识行为的概率会更小,这样,这个世界会变得更美好一些。所谓的修炼个人成长,不就是这样吗?修炼个人成长

重遇
未知的自己

绝对不是有些人说的神神道道的东西，而是不断地"修"自己——翻动每一块无意识的"石头"！所谓的"修"自己，也不是说你自己有什么不好，而是更多地去认识、发掘未知的自己，进而接纳、包容它们。

德芬的话

> 报复是你潜意识的动力，在还没被你意识、觉察到之时，这个动力是无比庞大，而且毫无理性的。但是，一旦你把它带到表意识上，整合它之后，它的力量就消融了，不会再像以前那样盲目地牵制你。那么，要如何整合它呢？答案就是"宽恕"。

唯一的敌人是你自己

什么样的人最有魅力？什么样的女人可以抓住男人的心？什么样的男人才是真正的男人？

我愈来愈觉得，答案就是，有内在力量的人。什么叫作"有内在力量"？就是遇到困难、碰上痛苦时，能够坦然与自己的负面情绪相处。困难大家都有，痛苦每个人也不缺，只要是人，这些都是不可避免的。但内在力量强大的人可以不受苦。

如何培养内在力量从而少受苦，甚至不受苦？其实非常简单，当感觉自己在受苦时，能够欣然接纳，并且承受痛苦以及逆境的不顺，那么你的内在力量就会一点一滴地培养起来，就像我们锻炼肌肉一样，是需要时间的。

那些习惯向他人倾诉自己的痛苦，并且求救的人，都是内心比较缺乏内在力量的人。其实，我们每个人的内在都有足够的能耐去面对我们生命中、生活中所发生的每一件事情，内在力量不是外来的，它本来就立足于我们每一个人的内在，只是从小没有人教我们如何去使用它们、汲取它们。

有一次，我碰到一位朋友，她向我抱怨说："你的书，还有其他的个人成长书籍，说得都很好、很棒，我非常赞同，但就是做不到，落差太大，反而让我无所适从，愈看愈乱，干脆不想、不看了。"

我告诉她："我一开始修炼个人成长时也这么觉得，但我和你的不同是，我不觉得那种境界是我一辈子都望尘莫及的，我相信别人做得到，我也能做到。"

于是，我带着一颗好奇、挑战的心，一步一步去研究——为什么我的境界和老师们说的境界会差这么多？我如何做，才能一步一步走到那里？

大部分人都想一步登天："德芬，你救救我吧，我如何才能像你这样安详、快乐？"对不起，德芬不知道花了多少时间、多大勇气，才愿意去面对自己的痛苦，直视我的内在，看清楚痛苦的背后究竟是什么。当我不心存畏惧，能够勇敢地去面对痛苦的时候，发现痛苦只是不折不扣的幻象，而且是我亲手制造出来的。

到现在，我的生命当中已经没有敌人了。我发现唯一的敌人就是我自己。对付敌人最好的方法是什么？就是运用爱心、谦卑和忍耐去接纳它。爱能化解一切，学会爱自己，培养自己内在的力量，你就不需要每天跟救火队似的，到处扑灭你生命中的大小火灾。

记得有一位老师曾说过一句我很喜欢的话，她说："神通是什么？神通就是，人家称赞你时，你不窃喜；人家毁谤你时，你不动怒。"也就是我们常说的"宠辱不惊"。

德芬的话

我们在与外在的人、事、物互动时,如果产生了负面的感受或情绪,都会认为是外在的那个人或情境引发的。殊不知,不满与不快其实源自你的内心,不在外面。

如何化解两难的困境

◀ ⏸ ▶

两难是很多人的人生模式,也就是说,他们的生命当中会不断有两难的状况出现来考验他们。比方说,我要在职场上有所表现,家庭就顾不了;我得到了一份很好的工作,却有一个出国进修的机会,放弃哪一个都可惜;甲君家世好、人品好,可是我对他没火花,乙君风流倜傥,是个靠不住的丈夫,可是我却为他深深着迷;我想离婚,又放不下孩子;等等。人生的两难情境,简直可以写一大本书,书名就叫《顾此失彼》。

其实,两难是"小我"精心设下的陷阱。它让你无论选择哪一方,心里都有遗憾,因此,你就无法理直气壮地快乐生活。

两难源自两个信念:匮乏感和无价值感。匮乏感就是觉得宇宙不会那么丰盛地给我所有我想要的,因为有一种东西叫作"代价",天下没有免费的午餐,所以我不可能两全其美地得到我想要的。

无价值感就是,我不值得、不配得到我想要的东西,所以一定要有些牺牲作为交换,因为我本来就不是个幸运的人。

而从个人成长的角度来说,这两个信念都不是真的。宇宙的丰盛是无边无际的,而它也雨露均沾地、无私地与众生分享它的丰盛。你的匮乏感和无价值感是来自小时候的制约。我们每个人的原生家庭多少都让我们受到一些伤害，很少有父母能让孩子感到无条件的爱和支持。因此，匮乏感和无价值感就是我们小时候在受到挫折、打击之后，采取的保护措施。

我们会觉得，一定是东西不够分配，有所匮乏，我才得不到我想要的。要不就是，一定是我不够好，所以大人无法满足我的需求。我们的小小心灵里，总要对自己不明白的事物有个说法，这就形成了我们的信念。现在我们长大了，可以试着采取对我们比较有用和有益处的人生信念，不必抓着老旧的模式不放。然而这些模式都是在我们的潜意识底层，平时不容易察觉到。这就是个人成长的重要性，它可以帮助我们看清并化解人生的模式，逐渐从被束缚的、狭隘的观念中走出来，看到无垠的天空，呼吸无穷新鲜的空气。

我曾提出很多帮助大家化解人生模式的方法，但个人成长是你内在的东西，必须自己去耕耘，自己去解决，"拿"了方法之后，你可以依样画葫芦地去实行。在这里，我可以跟大家分享的是，每当我有"这是不可能的，老天不会对我这么好的""哪有这种好事？Not me（一定不是我的）."这些想法的时候，我都试着用正面的想法鼓励自己——宇宙是丰盛无边的，只要我愿意接受，它的丰盛就会流到我这里来。

另外就是，解决两难之道其实可以两个都不选，或是选其中一个，但我们可以欣然地承担所有的结果，安于自己的选择，试着活在每个当下，不去回头看"假如当初……""如果……"等，或是去看河岸另一头的草地是否比较绿。比方说,你决定出国留学,就忘掉那份高薪的工作,目光向前,不要回顾。又比方说,你决定离开婚姻投入新的关系中,你就要和自己的恐惧及愧疚和睦相处,同时把注意力集中在减少对其他家庭成员的伤害上面。这些都是说起来容易做起来难的,但是,与其让自己盲目地被人生模式掌控,不如好好地培养我们的意识之光。

我很少经历两难的情境,这跟我干脆的个性有关,我从不回头看事情,所以很少后悔。修炼个人成长之后,我发现一切都是最好的安排,因此就更少有两难的困境了。我始终相信我得到的是最好的,而且我也提过,我心想事成的能力很强,这也是因为我始终很清楚自己在那一刻要的是什么,并全力以赴,但我肯定会遇到一些更困难的人生课题,因为老天是公平的。

德芬的话

当我们的心里充满情绪性的垃圾,每天都在抱怨,不知道感恩、欣赏我们所拥有的事物时,我们的内在空间就会很小,难怪我们觉得很不快乐、很不舒服。

要想全然地活，你必须先接受死亡

有一位读者给我来信，请求我给她一些建议，因为她患了癌症，情况危险，而且她非常年轻，对生命抱有很高的热情。

这给了我很大触动，我曾有一位年轻的朋友，也是罹患癌症，同样具有极强的求生意志，当时她也是找了各种方法来挽救自己的生命，结果还是很快地走了，才二十多岁。

为什么求生意志如此坚强的人还是挡不住死神的召唤？其实我心里是有答案的。我们来到这个世界上，不仅仅是来体会做人的滋味的，在这频率较稠密的二元对立的世界里，除了要学会如何显化物质，我们还有灵魂的功课要学习，灵魂的功课也可以称为"业力"。

所以，如果我们不先修好灵魂的功课，那你再怎么努力发愿都是没用的。我回答这位读者的来信时有点儿残酷，我建议她先全然地接受死亡，甚至拥抱死亡，然后再好好地生活。如果你能把疾病看成是生命的导师，全然接纳甚至拥抱它，那就可能会有奇迹发生。

要想全然地活着，你就必须先接受死亡。死亡并不可怕，可怕的是你没有好好地生活过，完全活在当下地拥抱生命，享受生命。当然，你该做的种种医疗行为还是应该去做，只是全然地臣服于生命之流。

这也让我想到有些人的生命中总是缺乏一些东西，也许是金钱，也许是健康，也许是亲密关系，然后我们一直在挣扎、一直在努力，心里有很多怨怼，外在还总是不断地有人、事、物出现，来提醒我们内在的匮乏，让我们更加不舒服。也许我们尽了一切努力，仍无法改善或是得到我们想要的，这时候，你何不试试臣服的艺术？

臣服的艺术就是：接纳眼前的一切，知道有一种更高的力量在主宰着一切。你可以告诉它你的心愿，然后与当下的一切和睦共处，愉悦地生活，并继续为自己的心愿付出努力。这样也许有一天，你想要的东西会毫不费力地来到你的生命中。

德芬的话

> 事实是最大的，因为已经发生的事情是不能改变的。如果你不接受它，就好像用头在撞一面墙壁，且希望能把它撞开。这完全是无济于事、徒劳无功的！

何不试试臣服的艺术?
这样也许有一天,
你想要的东西会毫不费力地来到你的生命中。

死亡的阴影

◀ ❚❚ ▶

有一次，我陪好友去探望他那位因患癌症而病危的哥哥。

那天是中秋节，一早就有很多亲戚来看他。我们到的时候，大家哭成一团，屋子里闷热压抑，气氛沉重，让人非常不舒服。

我们对死亡总是有那么多误解，对它充满了恐惧。但有位个人成长大师说过："死亡是一件很美的事情，是值得欢庆的。"是啊，人都是哭着来，笑着走的。很多有过濒临死亡经验的人都异口同声地说，当他们的灵魂出体，飘浮在自己的身体上方时，他们觉得好轻松、自在。所有的人都说看到了光，好像有一个隧道，隧道的另一头有人在等待。不过，这些人都没能穿越隧道，否则他们就回不来了。不过，有人曾经对隧道的另一头有过惊鸿一瞥，看到自己过世的亲人在那里等待。

死亡可以是一件很美的事情。在电影《非诚勿扰2》中，孙红雷饰演的成功商人得了不治之症，他为自己办了一场很棒的葬礼，非常温馨、感人。我当时就想，如果我有不治之症，知道自己时日不多了，一定会为自己办一场轰轰烈烈的葬礼，开开心心地和亲人及朋友们一个个地道别，这真是一件太奢侈的事了！

可是，好友的哥哥和亲友们无法坦然地接受事实。我把好友拉到一旁，提醒他："告诉你哥哥的家人，不要再在老人家面前掉泪了。为何不把气氛弄得好一点儿？跟他说说他年轻时候的事，闲话家常，逗他开心，为什么要让他走得这么悲伤呢？"

我当时就在想，如果躺在床上的是我的父亲，我是否能够做到自然地和他谈笑风生？我相信我可以，同时，我还会一再地告诉他，我多么爱他，我多么感激他是我的父亲，谢谢他为我所做的一切和给我的爱。出了病房，我可能会泣不成声，但是我不会让他看见，我要让他安心而平稳地离开。

亲人的离开是让人多么悲痛的一件事啊！让我们痛快地哭泣，然后擦干眼泪，继续人生的旅程吧！只要心中有爱，过世的亲人就永远不会离开你。只要不抗拒他死亡的事实，你就会感受到他的爱无处不在，就在你的心中发光。

告慰所有亲友的在天之灵！

德芬的话

> 天下事只有三种：我的事，他人的事和老天的事。一个人能活多久，是老天的事，你再怎样努力去保护亲人都是无法与天命违抗的。无论你多么爱他，多余的担心就是最差的礼物，不如给他祝福吧！

隧道的尽头就是礼物

◀ ⏸ ▶

在生活中,我曾经吃过很多苦头,也曾千方百计地选择逃避,结果发现怎么逃也避免不了。后来,我终于下定决心好好地面对生活中的各种负面情绪。

在这里,我简单地跟大家分享一套方法,可以说,它是应对负面情绪的最好方法,也是个人成长最有效、最快速的方法(取材自《你值得过更好的生活》一书)。

1. 当你有不舒服的感觉时,深深地进入它,去感受它。这个步骤看似简单,对很多人来说,操作起来是相当困难的。因为很多人,尤其是男性,与自己的感觉失去了联系,一有不舒服的感觉,他们就可能立刻跳到防御措施中,不会回头去觉察自己的感受。

"防御措施"包括去应付、处理、修正那些造成我们不舒服的人、事、物,或是用各种方式来逃离自己的感受(转移、压制、发泄、遮盖)。要我们采取跟平常相反的方式去应对我们的情绪,真不是件容易的事。但就我个人的经验来说,这是最好,也是最有回报的方法。

2. 当情绪的感受达到最高点时,说出关于你自己的真相。你是无限的灵体,你就是光,是无条件的爱、和平。目前你所遭遇的情绪和状况,是你自己创造出来的幻象,是为了让你体验人类的经验,并且借此迎回你的力量。

这对大多数人来说,难度就更高了。我们从小就根深蒂固地认为我们就是自己的身体,我们所拥有的外在事物(外貌、学历、家世、财富、地位等)定义了我们是谁。然而,所有的个人成长老师、书籍,各种个人成长派系和宗教,最终都会指向这个真理:我们是"生我之前我是谁,我死之后谁是我"的那个永恒的存在。

我个人对这点是深信不疑的,虽然惭愧地说,我并没有真正地在头脑之外的层面体会到这点,所以它是别人的真理,不是我的,但我有绝对的信心,它是真实不虚的。最重要的是,它让我在这个地球上生活得更有安全感,更有意义,即使我死后发现它是个谎言,我也不觉得有什么损失。

对于那些不能体会到这点的朋友,我的建议是多去开发自己的个人成长空间,或者是去找一些有濒死经验的人,问问他们在肉体昏迷的那段时间里,他们灵体的感受如何,你就可以从中获得一些印证。

如果你愿意深入自己的情绪(愤怒、悲伤、自卑、恐惧等),又能及时提醒自己有关你究竟是谁的真相,那你就可以把闹情绪看成是在演戏,知道这些情绪其实不是真实的,那么此刻你就很容易进入第三个步骤:迎回你的力量。

著名个人成长大师克里斯多福老师(《亲密关系:通往灵魂的桥

梁》的作者）也提到，成熟地面对情绪的第一步就是接纳，承认此刻有情绪的存在；第二步是认清它不是真实的，只是你感觉它好像是真实不虚的；第三步是找出情绪的真相究竟为何。任何情绪，只要你充分地去经历、体验它，它就会变回它的真正面貌——力量、爱、喜悦、和平。这是我们的头脑无法经历和理解的，只有经由你的心和实际的证悟才能有所体会。

3. 迎回你的力量。所有让我们不舒服的人、事、物都是带着一份礼物来到我们身边的，那些引起我们极端不舒服的情绪之下，都蕴藏着无比强大的力量。当我们愿意穿越看似无比恐怖的情境和情绪时，你人生的头彩就在后面等着你呢！

你可以想象这些力量像电流一样流遍你的全身（我真的感觉到身上会发热），你会觉得内在更有力量，因为你找回了人生的一个大彩蛋，你对自己的真实面貌和本来身份的觉知更加深刻了。下次再有同样的事情发生时，你就可以用更好的方式去应对了，你从受害者牢笼中解放了，自由的滋味真美好！

4. 感恩、欣赏自己的创造。感谢事件中的人陪你演出这场戏，毕竟外面的世界没有别人，你就是自己生命的最佳导演、最佳编剧，总是把你最需要的功课带给你，让你赢得头彩！

以上的四个步骤也是挽救亲密关系的灵丹妙药，很多人都希望能学会一些招数，好去改变他们的伴侣。但我们都知道，期待别人改变根本就是行不通的，通往地狱之路就是由期望铺成的。

记得克里斯多福老师还说过三个关于改善亲密关系的"百分之百":百分之百诚实、百分之百负责、百分之百愿意接受自己的错误。但后来他就不说了。为什么?因为这些观念虽然很棒,但有几个人做得到呢?如果我们不先面对自己的情绪,并且从中迎回力量,很多改进关系的技巧就会成为空谈。

在这里,我和大家分享我在一本书上读到的一段话:

"如果有办法辨识出并接受黑暗的感觉,你会看到你的愤怒里包含着巨大的力量,悲伤里蕴含了无限的慈悲,危机里暗藏了很多机会,未知里孕育了众多的可能性,黑暗里潜藏了许多智慧。"

我自己在黑暗的隧道里面走了近两年(因为如果无法面对某种情绪,你就会被卡在其中),终于,我好像看到了尽头隐隐约约的亮光。亲爱的朋友们,如果你也是在隧道中,请不要气馁,因为我们都是在一起的。也许我还会再度跌入黑暗的隧道中,但我有信心,隧道的尽头,会有份好大的礼物在等着我呢!

重遇
未知的自己

德芬的话

我们前半生的命运是命中注定,后半生的经历则是自己的信念、行为、性格等造就出来的。当然,我们的前半生会因为自己基因中的种种不同因素,塑造出不同的价值观及行为反应,继而影响后半生。

每个人的心中都有两匹"狼"

我们每个人都有很多不同的次人格（子人格），他们就是我们内在喋喋不休的噪音，我们稍微做一个区分总结，可以分成"内在儿童"和"内在父母"。"内在儿童"是来纵容你的，是爱发脾气、娇气的，像特别不乖的小孩子，每次都给你捣乱，骂了一定要还口，打了一定要还手。而"内在父母"是严格的、严厉的，老是给你很多压力，打压你，教训你，责备你。

除此之外，我们还有另外一个"第三者"的声音是需要被滋养的，那就是"有爱成人"的声音。每当"内在父母"和"内在儿童"吵架的时候，"有爱成人"就可以出来做仲裁。这三个声音在刚开始的时候也许会因每个人的个性特质不同而有所差别，也许你的"内在父母"比较强势，每次都把"内在儿童"压制下去，这样的话，你这个人就会没什么创造力。

或许你这个人非常富有创造力，却是无厘头的。别人会觉得你这个人怎么这么不靠谱，一天到晚好像没有方向似的，那就是"内在儿童"比较强势。那现在，我们就要去滋养这个"有爱成人"，这是一个有理性的"仲裁者"。

有个禅宗公案问的是:"我们每个人的心中有两匹狼,一匹恶狼,一匹好狼。哪一匹狼会存活下来?"大家都猜恶狼会存活下来,其实不是,会存活下来的是你去滋养的那匹狼。所以说,在自我观照、觉察的过程当中,如果你太认同某个说话的声音,不管是"内在父母"也好,"内在儿童"也好,"有爱成人"也好,你就会把自己跟他混为一谈,并且壮大他的声势。

我曾写过一篇文章——《观察的金三角》,我们每个人都可以扮演三个角色:一个是经历者,一个是倾听者,还有一个是观察者。你要做的就是扮演观察者的角色,维持一个观察者的临在。其实,我们每一个人都是很有自制力和觉察力的,如果你维持观察者的临在,是不会把一些不该说的东西说出来的,也不至于酒后失言。

如果你不小心说出来了,那表示你的内在其实非常混乱。另外,你也要注意一下你脱口而出的话,那代表的是你潜意识里真正所想的。所以,我觉得像你要学少林拳就得先蹲马步一样,个人成长最基本的功夫就是自我观察、自我观照。

这个功夫你怎样去锻炼呢?基本上静坐可以有所帮助,在静默当中去观照自己内在的实相。到底此刻内在的我发生了什么事情?我的感受到底是什么?为什么他的这句话激起了我这么大的反应?我的内在感受是什么?试着每天抽出一点点时间,质量非常高的时间,倾听自己内在的声音到底在讲什么,那个时候你就真的静下来了,然后看看你到底都在关注哪一个声音,这一点非常重要。久而久之,养成习惯之后,你的觉察功夫就可以带进你生活中的每个当下,那么你的生活就会平衡多了。

德芬的话

当你觉得别人"高高在上"的时候,是因为你的内在有一个"低低在下"的自我。当你有被别人轻视的需要时,才会被别人鄙视。一个自卑感重的人,自然会在生活中体会到许多别人不尊重他的感受。一个觉得这个世界没有温情的人,到处都会被人冷眼看待。你怎么看待这个世界,这个世界就怎样对待你。

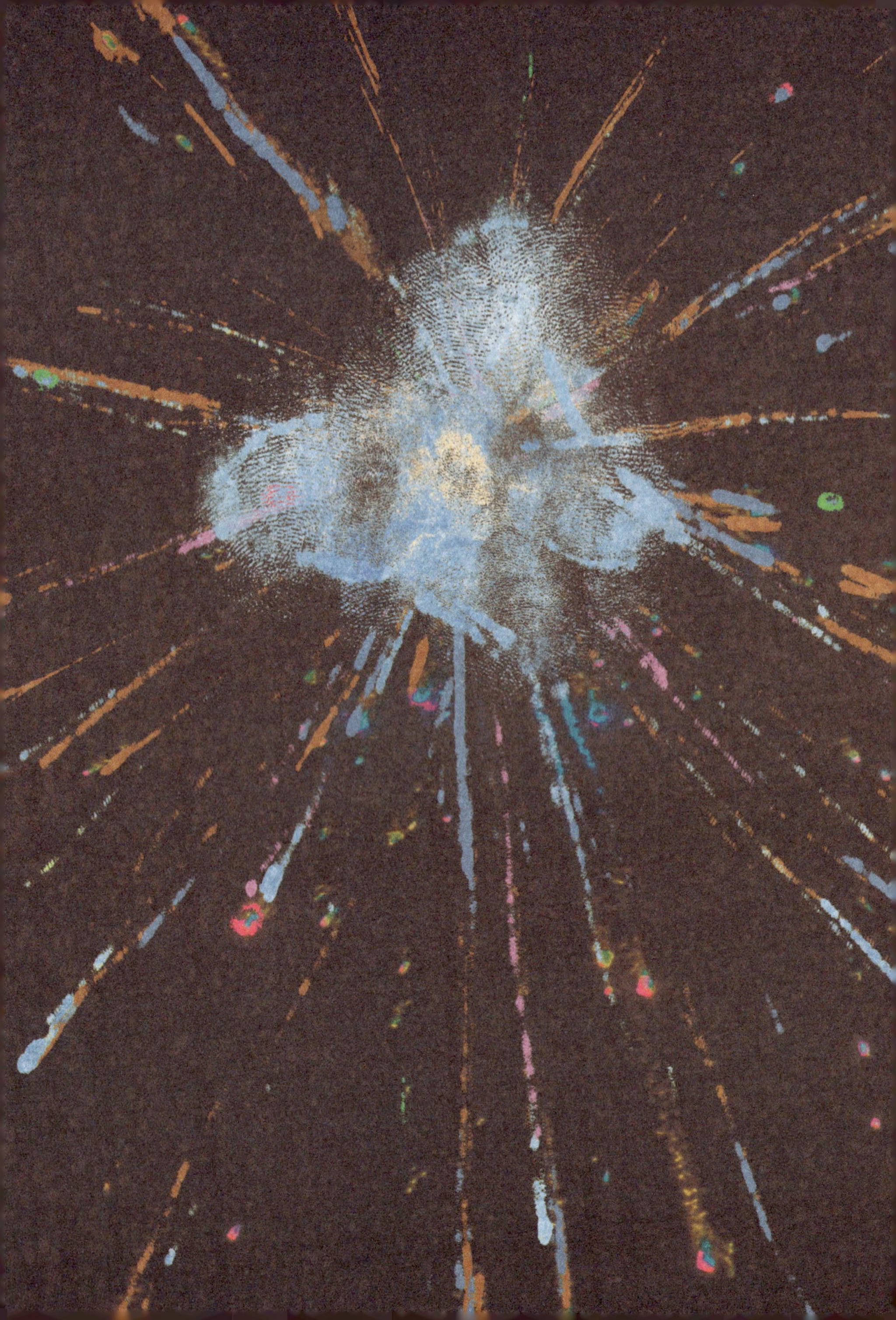

第六辑

最美妙的人生

——你完全可以让家人更幸福

怎样才算是真正有魅力的女人

◀ ❚❚ ▶

21世纪是宝瓶座的世纪,是人类心灵发展进化的一个重要时机,这个时代进化的动力是由女性来主导的。女性的特质就像老子在《道德经》里面说的"上善若水",水无坚不摧,但它却有着强大的包容力和灵活性。我们这个时代的女性,就应该朝这个方向努力。

我曾提出了一个男女特质的对照表,请参考下图。

男性化／阳	女性化／阴
太阳 热 干	月亮 冷 潮 湿
天 父亲	大地 母亲
光 照亮	黑暗 影子
脑 理性思维	身体 本能 本性 性
分析 逻辑 线性思考	感觉 流动的
泾渭分明 贴标签	联结 关系
批判	接受 接纳
结构 控制 秩序	无秩序 混乱

(续表)

男性化／阳	女性化／阴
可信赖的 可依靠的	即兴 不可预料的
根据资料得知	直接知道 直觉
目标 表现 完美	非竞争性的
达到 完成	进行 治疗 关怀 滋养

注：取材自香港 Deborah Chan 的内在工作坊（Inner Work）。

从这个表中我们可以知道，所谓的"女强人"，就是男性特质非常发达的女人。像我的个性从小就非常鲜明，我喜欢控制，有秩序地处理生活中的事，目标导向非常明确，凡事都要分个是非高下、对错曲直，不能有灰色的地带，不能模棱两可，不能混沌不明。这种个性在事业上、工作上是能够取得一定成功的，但在人际关系方面就行不通了。

这就说明了为什么很多女强人的亲密关系都出现了问题，因为她们把工作上的那一套带入了人际关系中，对方怎么受得了？

四十岁以后，我开始觉察到这一点，同时又接触了心理学家荣格的学说。他非常推崇女性特质，同时认为，我们人类步入中年之后，要逐渐地走向"个体化"的过程，找回真正的自己，在这个过程中，男女特质的平衡发展是非常重要的。

当我逐渐地拥抱自己的女性特质时，我发现我对人的容忍度大大提高了，做事也不那么急躁了，慢慢地学会了安住在每一个当下，而

我的内在力量也在逐渐增强。

真正有魅力的女人,是能够体现她内心的力量的,而不是依靠外表的美丽妖艳这些形而下的东西。真正有女人味的女人,能够活出自己的女性特质,在外温柔包容、善解人意,能够支持她所爱的人;在内有无比强大的力量,可以与自己的负面情绪共处,可以接纳一时的不如意。

需要名牌服饰的装扮才觉得自己有价值的人,其实,他的内在是比较虚的。我并不是说不能买名牌的东西,而是说,这些东西是让你来欣赏、使用的,而不是让你来炫耀或是觉得自己与众不同的。你身份的认同感必须来自内在对自己的肯定和了然,而不是外人的赞赏和艳羡,更不是来自你的外貌、身材、职业,或者是你的豪宅、名车、高档服饰等这些外在的事物。

德芬的话

> 看到自己的重要性的人,总能获得尊重和敬爱。如果你自己都感觉不到自己的价值,你如何在外面找得到?

真爱是需要冒险的

某个周末,我抽出了一下午的时间,参加了一个身、心、灵整合家园的家族排列课程。课中,我被女主角选为她已分手的"男友"。

我一上台就觉得很爱她,很想保护她,对她深情款款。女主角一开始有点儿抗拒,后来还是接受了我的拥抱和情意。结束后,她一直问我:"你觉得我的前男友真的像你表现出来的那样爱我吗?我怎么不觉得?他常常不能给我安全感,所以我选择分手。"

我看着女主角美丽而忧郁的大眼睛,认真地说:"亲爱的,真爱,是需要冒险的。"

所谓的真爱,是两个人都能够放下心防,真诚地相爱。真爱也许不是你最喜欢的那个人,因为他可能没有在你面前表露真正的自己,你也没有在他面前表露真实的自己,这种爱,也许很有朦胧美,但是,不能称为真爱。真爱也不是单方面的相思或认同,必须双方心心相印,那才叫作真爱。

我们谈恋爱的时候常常是自己一个人坠入了情网之中,想象对方就是我们一生梦寐以求的真爱。梦醒时分,我们又会责怪对方没

重遇未知的自己

有满足我们的种种需求,这样的恋爱,其实从头到尾都是我们的一人秀,不是两个人的共同经历。

话题回到家族排列的女主角,我一听就知道问题是出在女主角自己身上(亲爱的,外面没有别人)。女主角对男性之爱很有防御心,因为她说她小时候被爸爸伤害过,因而经不起另外一次伤害。这样的防御心,如果在亲密关系中会有两种表现方式,不是去曲意逢迎、极力讨好对方,怕对方离开,就是会变得若即若离,不敢太靠近。

女主角选择的防御机制是后者,而带着这样的能量和行为进入亲密关系中,哪一个男人能够看穿她所做的防卫其实是一种爱的呼求,一种出于恐惧的自保方法呢?所以,她的男人同样感受到不安全、被抗拒、被拒绝,因此会表现出来不在乎她,或说一些不在乎这段关系的话。他对她的爱,被她自己的防御心阻挡在外,在家族排列的个案里,这样的动力显露无遗。

亲爱的,爱是要冒险的。真爱需要冒的第一个险就是愿意让对方了解你的内心,让他清楚你的内在究竟发生了什么。恋爱的时候,我们每次见到对方都会拿出自己最好的一面,但是上了"浓妆"的人格是很难持久的。做真实的你自己,你才会受到对方的尊重,并且让关系得以持久。

很多人在冷漠坚强的外表下,有一颗脆弱敏感的心。雄壮威武的大男子汉,可能内心里隐藏了一个软弱、缺乏自信的"内在儿童"。为了不让我们的这些"缺点"暴露在他人面前,我们用了很多会伤害亲密关系的防御机制，耗费了很多能量，但都徒劳无功。最终对方都不是因为你的内在世界被揭露而离开的，而是因为你采取的各种防御机制，甚至利用对方来让自己好过，让对方感觉不太舒服而心生离意的。

真爱是真心地接纳对方，爱上他这个人，而不是外在的东西。真爱也是全面的，如果你不向对方展露自己的内心世界，那你怎么会让对方有机会给你真爱呢？

真爱需要冒的第二个险，就是愿意放弃天长地久的保证。天底下哪有不变的东西？最无法辩驳的真理就是无常。既然世事无常，你怎么可能要求对方永远爱你？之所以会提出这样的要求，有这样的期待，是因为我们自己付出了很多，我们害怕失去，无法承担背叛。当你因为害怕受伤而无法深深投入爱情之中的时候，你怎么可能得到真爱作为回报呢？

很多人就是害怕背叛和麻烦，宁可选择一个"安心牌"的老公或老婆，也不愿意冒险去寻找真爱。

如果在此时、当下这一刻，我是你的最爱，你也是我的，这还不够吗？说什么天长，说什么地久，太斤斤计较的人没有资格得到真爱。

真爱要冒的第三个险，就是他人的眼光。我之所以有这样的感慨，是因为一个朋友的例子。这位朋友是非常优秀的专业人士，但她的外表普通，加上年纪大了，本身条件（学历、经历、财力）又比较好，

找到合意的对象不太容易。最关键的是她的个性，活脱儿就是个男人，而且极其爱操控他人。

后来有一个男人闯入了她的心房，但只是一个普通的司机。他们陷入恋情中，可女方始终不承认这段感情。男人年纪大了，受到不少结婚的压力，并且他的身边不乏追求者（这个男人的外在条件不错），他也认真考虑过是否要另做选择。有几次他看好了对象，准备要结婚了，她都会从中破坏，让对方知难而退。但是，她始终不给她的男人一个名分，也不和他住在一起。虽然一直以来，这个男人从来没有被她全盘接受过，但是，他的爱使他舍不得离开她。

最让我感动的是，这个小男人（年纪比女方小一截）是真的爱她这个人，接受她的坏脾气、控制欲和忘我工作，甚至是对他的羞辱(不承认他)。我朋友不能接受男友的主要原因就是两个人的年龄、学历、见识、社会地位和赚钱能力之间的差距不是一般地大。她害怕别人看她的眼光，尤其是她的父母。

我不了解的是，其他的人（朋友、同事）能带给她幸福吗？任何会嘲笑你的人，都不是你的朋友，那就切断和他们之间的联系好了，不必往来。而关于她的父母，我真的不知道她的父母是愿意看到女儿孤独终老，还是有一个真心爱她的男人在旁边陪伴呢？

其实，最重要的是，这位女性朋友本身有没有因为这个男人各方面条件和她相差甚远而轻视他？（多少有一点儿吧！）这种情况下，真爱是不会来到的，因为她付出的本来就不是真爱。虽然对方付出了真爱,她却只能接收一半,还面临失去的危险。

我相信真爱是没有界限、没有负累、没有条件限制的。

也许我们这一生碰不到,也许我们能有幸碰到,我不敢说。

可以确定的是,当你碰到的一刹那,你一定会认出它来的!

♥ 德芬的话

> 每个人都在追求爱、喜悦、和平,可为什么几乎人人落空?因为,你失落了真实的自己。

婚姻必修课——温柔的坚持

对于婚姻，我有一个较为前卫的看法，我觉得婚姻制度是违反人性的。

如果没有婚姻制度的束缚，人们在寻找对象的时候，会更倾向于找到与自己身、心、灵真正契合的伴侣，而不会受到家庭（门当户对）、时间（适婚年龄到了，非娶非嫁不可）、外在条件（金钱、外貌）、生儿育女的压力等因素的影响，选择了不是真正适合的伴侣。

在婚姻制度的束缚下，即使你发现伴侣不是你真心想要或是心灵契合的，你也必须困在婚姻里面，因为这个时候你已经有了很多社会责任、家庭责任、子女责任、舆论的压力、外人的眼光，等等。所以，现代社会的离婚率激增，但是，婚姻出现问题却维持现状的人，也不见得真正快乐。

回到个人成长的观点，这些其实都不重要。毕竟，这个世界外面没有别人，你把自己修好了，处理好了，自然而然地会在生活中找到一个平衡点。这个平衡点可能不为外人接受，或是别人不能理解，但你自己知道你是安适自在的，这点是最重要的。

那么作为女性，如何能活得既独立自主，又拥有平衡的亲密关系呢？真正的独立自主是内在的，不是外在的。很多女性可能追求独立自主，但是不为家人所接受，于是必须以脱离婚姻的方式来得到那份自由的感受。其实，真正的自由是内心的自由，不是外在的、物质的。

中国的女性几千年来一直处在被动、顺从的地位，现在虽然情势有所改变，可是大家还没学会的功课就是：温柔的坚持。你是否能够在家人的反对之下，仍然开心地做自己想要做的事情？我想，这些追求独立自主的女性之所以会提出离婚，缺乏的就是这种温柔的坚持。

她们希望另一半能够接受她们的改变，或是支持她们想做的事情，另一半不同意，她们就只好以离婚收场。其实，不见得一定要这么做。如果将温柔的坚持学会，在另一半的反对和脸色之下，你还是可以安心地做自己的事情，不需要采取那么激烈的手段来追求自己的独立自主。

德芬的话

> 想要有好的亲密关系，我们必须先宽恕自己的父亲，因为我们和父亲的关系模式，会不可避免地在亲密关系中重复。而我们和母亲的关系，也会不可避免地影响我们和亲密伴侣的关系，不可不慎！

"我"需要你的爱,真的吗

◀ ⏸ ▶

著名情感作家曾子航在他的畅销著作《女人不"狠",地位不稳》中提出了一个看法,他认为"三不"女人是最吸引人的——思想深藏不露,行踪飘忽不定,性格捉摸不透。根据人性(尤其是男性)的弱点,这倒是挺准确的说法。不过,这种女人以天生的居多,后天很难学成,但也不是不可能的,所以我们来探讨一下,怎样让自己变成一个有吸引力的女人。

我说的全是内在层面,当然,我们都知道(我也深信不疑):天下没有丑女人,只有懒女人,外在条件是可以改造的。作为女人,我们也有必要维持一个体面的外表,不过我这里谈的是内在——最难改变的部分。

很多女性朋友谈到自己没有自信,担心老公不喜欢她,担心老公出轨,她自己都知道这样不对,可是又没有更好的方法。以我自己的经历和研究,我发现,愈没有安全感的女人,愈没有尊严,愈会把老公推到外面的女人身上。这是千真万确的,就好像你有一只手去紧抓着他不放,但是另外一只手却在把他往外推。

怎么办呢？这些女人要如何改变，才能符合"三不"女人的标准，或者说，成为有吸引力的女人呢？当然，我们都会说，第一步就是要建立自信，但自信是如何建立起来的呢？

拿我自己来说，我其实不是特别符合"三不"女人的标准，我是有话直说的，但有时候我会使一些诈，语出惊人或是幽默一把，让自己看起来不那么沉闷。我的行踪很稳定，每天做什么都跟伴侣报告，不过我常常出去旅游，或是出其不意地参加一些活动，做一些奇怪或好玩的事。而我的个性天生善变倒是真的，我对一成不变的事物很容易厌倦，所以不断地创新和改造自己。当然，我也会不断地改善我和亲密伴侣之间的关系，以及我们的生活方式。

然而，我觉得自己最吸引亲密伴侣的地方还是我在不断学习、充实自己，不断发掘自己的各种层面（遇见未知的自己），所以这些年来，我的改变有时候自己都觉得惊讶。我建议那些一天到晚紧盯着老公不放的女人，多花点儿时间充实自己的内在，找到自己的兴趣所在，培养自己的爱好，学会自得其乐，让对方知道，我没有你也可以活得很好，那么男人就会比较服帖。

要做到这一点，你首先就要更多地把目光收回来放到自己身上，不要一天到晚把伴侣的行踪、言语、习惯、行为放到放大镜下去研究，寻找他不爱你的证据。有一个很好的方法，就是用拜伦·凯蒂的"一念之转"来检视自己的想法。

当你"看"到自己的念头——"他这么晚回家，都不想花时间跟

我在一起，说明他一点儿都不爱我"。这时候你就要警觉，并且问自己："这个想法是真的吗？他晚回来，不花时间跟我相处就是不爱我吗？当我这样想的时候，我会怎么对待他？当我没有这种想法的时候，我会怎么对待他？"

哪一种对待他的方式会留住他的心，让他更爱你？最后你可以将这句话转换成"我这么晚回家，都不想花时间跟自己在一起，我一点儿也不爱我自己"。你不妨看看它的真实性。是啊，你的心思全都放在那个夜归的人身上，没有人在家陪你，你没有花时间给自己，你一点儿也不爱自己。这个想法的真实性不输于前者，但你不断地把焦点放在前面那种想法上，给自己找麻烦，也让对方很痛苦。除非你对痛苦上瘾或者是喜欢制造人生戏码，否则神志清醒的头脑是不会做出这样的选择的。

另外，你要学习回观自己，这不是一件容易做到的事情。但是那些一天到晚担心老公"走私"的女人啊，请你们一定试着多把注意力放在自己身上，不要像一个三岁的小女孩一样一直在乞讨爱。这样是没用的，你的男人会被你的这些行为和能量弄得很烦，难怪他会不想回家。试想，哪个男人愿意回到家就看到一个需求无度又愁眉苦脸、疑神疑鬼的"黄脸婆"呢？这种方式只会把他推得更远，一点儿用都没有。

当你看到自己的行为时（又在乞讨爱了），你可以告诉自己，我需要他的爱，这是真的吗？此刻我过得很好，我在呼吸，我在走路，我在活着，我真的需要他的爱吗？

我发现，我们对伴侣的那份渴望和需求其实来自内心深处的一种空洞感，是我们的本质，并没有什么好恐惧或排斥的，但是由于我们习惯拿东西来填补，因此，伴侣的存在和他的爱是最有效的填补"工具"。

此外，不安全感的另外一个来源就是——"没有你，我活不下去，我会孤独终老"。这个念头也是值得我们好好用"一念之转"的方法来质疑的。如果你真的去做了，就会放下这个念头，你会活得更自由、更喜悦、更有尊严！

你说你爱他，其实他只是你拿来填补内心那个空洞的工具而已，否则爱为什么那么容易变成恨，你的爱又为什么那么狭隘？这根本无法称作"爱"。如果你能练好回观自己内在的功夫，愿意安静下来陪伴自己，一个人做一些让自己开心的事，那么你就在放过你的伴侣的同时，也在培养自己成为一个最有魅力的女人。

下面这个小故事来自拜伦·凯蒂的《我需要你的爱——这是真的吗？》一书，故事说明了当一个女人能够享受独处的乐趣，找到自己的快乐时，会是多么吸引人，男人会不由自主地被吸引，而不是被你强拉到身边。

我的伴侣拒绝和我做爱已经一个月了，这让我觉得很痛苦，很受伤。某天晚上，我质疑了"我需要他认为我有魅力""我们应该做爱"这类念头。很快，我发现自己一个人也很开心，我根本不需要他和我做爱，甚至不必自慰。我穿着睡衣和袜子，没有化妆，与我的泰迪熊共舞，被耳边一首关于爱和感恩的歌曲深深感动。我和自己相处得十分愉快。

他回家后，站在那里怔怔地看了我一会儿，然后就把我拉进卧室。在我花了好几个星期试图说服他和我做爱之后，我们在一起度过了一段非常甜蜜、美妙的时光，简直棒极了！在这件事里面，我最喜欢的是我体验到的那份平静——光看到他回来就很快乐。

我喜欢这样的简单，喜欢自己没有企图地表现性感，或是刻意展现自己去勾引他。我喜欢和我以及我的泰迪熊在一起，也喜欢跟我的男人共处。

做个有魅力的女人吧，这没有你想的那么困难！

德芬的话

对最亲近的人，我们要注意沟通的方式和方法。如果是为了自己，而且还自以为有权利管对方，认为我们可以介入他人的领域，促使别人改变，这种做法不但白费力气，而且会造成两人关系的紧张。你可以把你知道的，你认为正确的东西和他们分享，但是背后不要设定一个预期的结果，比如，不要说"你一定要听我的，要不然……"这样的话，对方比较容易接受。

如果你能练好回观自己内在的功夫，
愿意安静下来陪伴自己，
一个人做一些让自己开心的事，
那么你就在放过你的伴侣的同时，
也在培养自己成为一个最有魅力的女人。

给自己放一个婚姻长假

一个好朋友写信告诉我说,她准备 take marriage sabbatical(向婚姻"请"个长假),自己一个人出去旅游一番。

sabbatical 在英文里是长假的意思。很多制度完善的大公司或是教育机构,在员工连续工作一定年限(有的是七年,有的是十年)之后,就会给员工放三个星期到两三个月不等的长假,而且是有工资可以拿的。

我倒是第一次听说 marriage sabbatical,但是一听就觉得这个主意真棒!

有一本很畅销的书,叫《一辈子做女孩》(*Eat Pray Love*),这是我非常欣赏的一本书。作者伊丽莎白在有了一次可怕的离婚经历之后,决定此生不再让自己落入那个圈套中。这本书描述了她好不容易逃脱婚姻牢笼之后,自己一个人去意大利、印度和巴厘岛旅游的经历。

书的最后,她在巴厘岛找到真爱,可是老天偏偏跟她开了一个大玩笑:她的巴西籍男友在进美国海关的时候被铐上手铐带走了,美国海关官员冷酷地告诉他们,这个男人此生都无法再进入美国了,因为他拿着观光护照进入美国太多次,每次都是停留到最后时刻才走,有移民之嫌,除非他娶一个美国公民。

伊丽莎白陷入了痛苦的抉择之中,她不愿意离开她的国家,而她的男友也需要进入美国做一些贸易生意,所以她只能硬着头皮结婚。她的个性跟我很像,做什么事都要做到最好,婚姻也不例外。她坚持这次不能再离了,所以她研究了婚姻的历史,各种不同文化下的婚姻状况、婚姻制度的变迁,写成了一本书叫《承诺一辈子做女孩》,谈的基本上就是她对婚姻做的研究和心得。

伊丽莎白的研究发现,愈是因为情投意合而结婚的人,离婚率愈高,盲婚的成功率反而是最高的。这和我们个人成长研究出来的结果其实很一致,吸引你的对象,在他身上通常都隐藏了你和父母未完成的课题,等待你去做。所以愈是致命的吸引力,功课愈多愈难,听了就令人害怕吧!

当然,盲婚的社会环境和我们现代社会也不相同,大部分人都很认命,而且婚姻最大的"杀手"——期待,是不存在于这样的婚姻中的。比如说,伊丽莎白到了东南亚的一个国家,她找了一个小翻译,和那边的妇女坐下来聊天,她问的每一个关于亲密关系的问题,都让那些妇女笑得直不起腰来。

比方说,她问:"你们的丈夫好不好?"这些女人听了就一直笑。伊丽莎白形容说,你问她们"丈夫好不好",就像你问她们"山上的那些石头好不好"一样，是没有意义的。在她们的社会中，女人之间的联结力量非常大，平时看不到男人，都是女人在一起生活。所以，老公对她们来说，真的像山上的石头一样，可能除了传宗接代，就没有其他功能了。

反观现代的婚姻，我们把对方视为我们的灵魂伴侣（好沉重的名词），一生一世相濡以沫（我的一生就托付给你了）。不但如此，我们在潜意识里还把对方视为我们所有需求的供给者，小时候在父母那里得不到满足的缺憾，都要在亲密关系中得到补偿。所以很多人觉得，对方应该知道我们心里要什么，应该知道要怎样对待我。如果对方没有做到，你就非常非常怨恨，好像一辈子甚至是好几辈子的仇恨都被激发出来了一样，这就说明了为什么现代社会中的怨偶这么多。

伊丽莎白还发现了一个让我印象深刻的现象，那就是，婚姻对一个女人来说，负面大于正面，大部分女人为婚姻都或多或少地做出过牺牲。我们看看日本皇太子的婚姻就知道，他娶的老婆，哈佛毕业，会说多国语言，皇太子苦苦追求多年，她都没有动心，就是不愿意进入"皇室婚姻"这个比一般婚姻可怕得多的牢笼里面。最终她还是被爱情打动，而且皇太子为了她迟迟不婚，全国都给她压力。最后，她深居简出，听说得了抑郁症，身体很不好。

伊丽莎白还在书中举了自己的例子，她的奶奶是一个非常杰出的女性，在美国人还比较歧视女性的那个时代，奶奶就自费读了大学，

有一份非常好的工作,能接触到上流社会人士。但是认识她爷爷后,嫁到了农家,变成农家妇,洗尽铅华,整天做粗活,还要伺候粗暴的公公和小叔。伊丽莎白和奶奶聊天时,问她此生最快乐的时光是什么。奶奶居然不说是自己光鲜亮丽地在上流社会工作的时候,反而说是刚嫁到农场,和丈夫胼手胝足开创一个小家庭的时候。

当伊丽莎白告诉奶奶,她要结婚时,奶奶着急地抓着她的手,颤抖地问:"你不会为他生孩子吧?你不会为他放弃你的写作事业吧?"伊丽莎白很纳闷,奶奶不后悔自己为了婚姻、家庭牺牲了美好的前途,但是显然不希望自己的后代依样画葫芦。我觉得,这就像生孩子一样,生孩子的过程非常痛苦,养孩子也非常辛苦、烦心,但是没有一个妈妈会说后悔的。不过,如果你要她重来一遍或是再生一个,答案就不是那么肯定了。

所以现代社会的大龄剩女愈来愈多,其实很多都是自己的选择。我一个人过得好好的,有一份理想的工作,自己挣钱自己花,一个人过得多自在,为什么要嫁给你,负担起那么多的责任(生孩子、做家务,还要面对可怕的公婆),给自己找麻烦呢?

不过,我们都知道"独居不好",而且很多现代女子还是非常传统的(像我就是,当年的我,觉得嫁人生子、照顾家庭、孝顺公婆是天经地义的),所以,我们在早年都套上了婚姻的枷锁,负担起很多责任。

因此,在孩子都长大以后,"向婚姻'请'个长假"似乎是个好主意。但是我们可以想象，当很多男人听到"老公，我不煮饭了，臭袜子也不洗了，我要出去流浪"的话时，会是多么震惊。这时候，这些男人需要再教育吧。为了让婚姻维持得更长久，其实，两个人之间的空间是非常重要的。

最近，我在读一本关于亲密关系的书，作者的描述非常恰当。她说，亲密关系就像刺猬之间的关系。刺猬们冬天要挤在一起取暖，但是彼此的刺又会让对方不舒服。怎样找一个最合适的距离，让双方都满意，是一门学问。

爱他，就让他自由，这不是男人的专有权利。女人也应该有自己的空间和自由，这是维护婚姻的重要手段。

德芬的话

> 你们的生命当中，如果和父母有未完成的事，也就是说，心中还是怀有芥蒂——而且很可能是潜意识的——你就要试着在生活中观察，并化解你对父母的怨怼。

温柔的坚持和脆弱的要求

◀ ❚❚ ▶

女人最厉害的武器是什么？我悟了多年才悟出来，为此我付出了很多惨痛的代价。到现在，虽然悟出来了，却连一半都做不到。在这里，我将自己的一点儿心得跟大家分享。

女人最厉害的武器有二：温柔的坚持和脆弱的要求。

我以前个性很强，像个男人，缺点就是不会说"不"，所以，每次当我被逼得要说"不"时，我都是用勃然大怒的方式，弄得大家不欢而散。如果不愿意撕破脸，我就只有忍气吞声，忍耐久了又会爆发，所以我在处理人际关系时老会出现各种问题。

多年前，我和老公、孩子到美国探望公婆。一下飞机我就生病了，很难受。可是我老公兴致勃勃地要带全家人去旅游，路线是"旧金山—约塞米蒂国家公园—大峡谷—赌城—圣迭戈—洛杉矶—旧金山"，一天换一家旅馆。我老公一向不是个体贴的人，对于我生病这件事，他视若无睹，还搞出这样辛苦的旅程，弄得我满腹怨言，可碍于公婆，我只有默默跟着。

到了赌城，我又累又饿，看到酒店旁边就有一家日本料理店，当时只想赶快抓点儿寿司来吃。我最不喜欢美国的食物，喜欢亚洲食物。可是老公坚决反对到美国吃日本料理这种傻事，说要去吃自助餐加牛排，有特价优惠，但要走十几分钟路才到那家餐厅。

当时我也是不能温柔地说"不"，虽然我明确地告诉他，我很饿，一饿就全身发软，很难受，他还是坚持说走几步路就到了，要我别那么娇气。我只有委屈地前往。到了餐厅，一看又要排半个小时队，差点儿饿晕过去。当时的我，脸色当然不好看，所以在公婆的印象中，我每次回美国就会摆脸色。因为这个性，我没少吃亏，可是还讨不了好。

后来我发现，温柔地说"不"，效果最好。如果我坚持说"我不去旅行，想在家休息"，老公顶多就是跟我发发脾气，但我的目的达到了，我可以在家养病；如果我保持微笑，他一个人发脾气也发不了多久。只要我不生气，这件事很快就会过去。去吃饭也是，如果我就微笑着说"啊，我真的很想吃日本料理，这样吧，你们去吃牛排，我一个人留下来吃寿司，吃完我先回酒店休息，我累了"，这样也没事。

但为什么我说不出口？为什么我们做不到温柔的坚持？后来我终于发现，无法做到温柔的坚持是因为我们在说"不"的时候，心中会有愧疚感、自责感。所以，我们宁可委屈自己，也不愿意去面对自己内在那份不舒服的感受。当我要说"不"的时候，胸口立刻会浮现一股非常不舒服的气血动荡（就是愧疚感），这个时候把注意力放在这个气血的波动上，关注内在。当你可以和它安然相处的时候，就可以抬起头来，嘴角带着一抹微笑，眼神坚定地说："我很抱歉，可是我必须说'不'！"

那么，脆弱的要求又是什么？其实，每一次攻击，都是爱的呼求。我到现在才有真正的体会。夫妻之间，最常听到的争论就是：你根本不在乎我！你是个差劲的丈夫（妻子）！如果我们把这些话用另外一种方式表达出来，就是完全不同的一层意思。

比如说：

你根本不在乎我！（翻译：我好需要你的重视啊！你能重视我吗？当你那样做的时候，我觉得没有受到尊重；我觉得好受伤啊！）

你真差劲！（翻译：你没有做到我希望你做的，我对你有一定的期望，当你做不到的时候，我觉得很受伤！）

你从来没有爱过我！（翻译：你现在在做的，或是之前的行为，让我感到受伤。因为它们没有满足我对你的要求，所以我认为你不爱我。）

所以，当我们怒气冲冲地责怪对方的时候，其实是因为我们的内在不愿意去面对一个事实：我是脆弱的，我对你有期望，我对你有要求，是我的期望、我的需求让我对你有怒气，对你失望，因此我才会这么生气。所以，问题出在我身上，不在你身上。

但是，有多少人能够把眼光从别人身上收回来，放在自己身上呢？太难了。亲爱的，外面没有别人，这就是一个很好的例子。大部分女强人（还有男人）都不愿意承认自己有需求，有期待，反而会理直气壮地指责对方的不是。

不会检讨是造成两个人发生冲突的主要原因，因此，如果这个时候你不去指责对方，反而温柔地、脆弱地承认自己真的需要他怎么做的话，效果可能会好得多。

举例来说：

你的应酬怎么那么多啊？烦不烦哪？（翻译：你的应酬好多啊！我一个人在家好寂寞，真的很想要你陪我。）

你怎么乱买东西啊？花钱一点儿都不考虑！（翻译：当你这样花钱时，我很紧张。我担心我们的财务会有问题。你知道，我对金钱老有不安全感。）

你可不可以不要把音乐开那么大声啊？吵死了！（翻译：音乐太大声了，我耳朵很不舒服，麻烦你调小声一点儿好吗？）

不过我个人觉得，技巧是可以学会的，但不一定使得出来。因为，我们真正要面对的其实是自己内在的脆弱。只有坦然接纳自己内在的脆弱，你才可能使出这些技巧来。很多人不愿意承认自己的需求和脆弱，所以去责怪对方是比较容易的。

温柔的坚持，脆弱的要求。和天下女子共勉之！

重遇
未知的自己

德芬的话

"他怎么能够这样欺骗我?""他怎么能够变心?""他怎么能够瞒着我跟别的女人来往?""他当我是什么?傻子吗?""在他的眼中,我就这么没有价值吗?"这些负面想法来自我们自己的无价值感,老是觉得自己不够好。要知道,自己的价值是自己给的,不能把这个权利拱手让给他人。

我们真正要面对的
其实是自己内在的脆弱。

你能送给别人和自己的最好的礼物

◀ ▊ ▶

我们是否能够保持临在（意指活在当下）真的很重要，因为临在是你通往本体，通往我们的本源的那扇大门。而且，不管一个人是在哭在闹，还是在抱怨、生气，你能送给他的最好的礼物就是在他的身边临在，也就是你全然地接受他现在的样子、本来的样子。

不过，每个人临在的品质是不同的，不是说你坐在他跟前不说话就可以了。以前我期待老公给我一些安慰的时候，他通常就是这样，一句话不说，我就会很生气，因为这和我跟枕头说、跟被单说的结果是一样的，它们也不回答我呀，完全没有反应。可能他觉得他不知道该说什么，所以保持沉默，因为那时候他没有那份临在。其实，说什么不重要，重要的是你的内在是否能腾出空间给对方，让他知道你的心里有他，你能理解他的喜怒哀乐。我们需要的是陪伴，最高品质的陪伴不一定是用语言表达的。

所以说，如果在平常能够培养对当下的感知和临在的品质，你就能提供给你自己所爱的人一份有质量的临在。尤其是当你碰到一些重要的谈判和会议，或者面对一些比较困难的、令人难以启齿的事情时，你要把自己置身于当下，处于临在之中，对方自然而然就会被你带到临在当中。当你不需要思考的时候，当你在胡思乱想的时候，把注意力带到身边任何一件可以听到、摸到、感觉到、闻到、尝到的东西上，跟它一起"临在"。一天抽出三分钟时间去感知你的临在，你就会发现你的人生开始慢慢地改变，所以，临在是培养内在空间最好的方法。

但是，光是意识到了临在还不够，你还要能够去面对自己的阴影，也就是一些缺点和负面的情绪。你要去拥有它，坦诚地认可它、接纳它。刚开始你肯定很难接受，很难拥有自己的缺点和阴影，你可以在每天回家以后，抽出一点儿时间跟自己独处，想想看，今天你有哪些表现是自己不喜欢、可以检讨的，或者是你刚刚又做了哪些自己不喜欢的事情，自我感觉特别不好，那你就跟这份自责感待在一起，慢慢地适应它、接纳它，而不是推开它。

如果你不能够做到这一点，不能表达你压抑了多年的情绪，那就做不到活在当下。

其实活在当下很简单。你跟任何看得到、摸得到、闻得到、触得到的东西在一起，你就可以立刻活在当下。

可是脑袋里的一些想法会不断跳出来，它们不会轻易放过你，所以你必须学会疗愈自己。

我们每个人生下来的时候，都像是一幅太极图，但我们都只想看到属于自己白色的那部分，所以我们永远回不到本原。我们要做的就是疗愈自己的另一半。当你愿意承认、接纳黑色的那一半自己的时候，

你才能回到本原。

在这么做的时候,你可以找一个对象,蜡烛、神像都可以,或者你可以呼唤你喜欢的神的名字,比如耶稣、上帝、观世音菩萨等。你可以说:"我愿意跟你坦陈,我看到了我今天很愤怒,因为我觉得他讲的一句话伤到了我的自尊。但是我愿意接受它,因为那是我的一部分,它是我在时间和分裂的世界旅行当中变成的'我',我知道它不是我的本来面目,我愿意接纳它。"

这是一个疗愈的过程,当你疗愈好这些时,你就真的能够拥有、承认、坦陈、接受、认可全部的自己。

说到疗愈,我又想到"追求"。我们每个人追求的究竟是什么?就关系方面来讲,跟父母也好,跟朋友、伴侣也好,我们到底在追求什么?是他们的爱、他们的关心吗?其实都不是,那些是表面的。我们真正需要的是有一个人为我们临在,跟我们一同处在当下。我只需要看到你,我甚至不用去安慰你的悲伤,不用去劝解你,因为当我劝解你的时候,我就变成一个帮助者或者一个老师的角色。我只想告诉你,我很关心你,我跟你现在一同处在当下,我心里没有别的杂念,我只是跟你好好地待在这里。这是你可以送给你的孩子、爱人及父母的最好的礼物。

我们很多人没有办法向父母表达我们的爱,现在有经济能力了,又说不出来"爱"这个字,只好拼命地买东西送给父母。可是我们每一个人真正需要的,就是一个人跟我们好好地处在当下而已。你什么事都不用做,什么话都不用说,什么礼物都不用给,你甚至只要握着他的手,或者陪着他,让他感觉到你的存在,你整个人是在这里的,就足够了。

德芬的话

> 记住,管好自己的事最重要。为我们的亲人担心,其实是一种不负责任的加害行为!能量世界是有其定律的,你之所以会唠叨、担心,是因为你无法承担一丝丝可能会失去亲人的危险,于是把压力投射到了他们身上。

任何时候都要做回自己

◀ ⏸ ▶

有个笑话:一个人去深山老林里修行了一段时间,他觉得自己开悟了,就下山来。路上有人不小心踩了他一脚,这个人马上火冒三丈,破口大骂。

这个故事告诉我们的道理是:离群索居的修行往往是容易的,但真正的修行还是在生活当中。

而且,生活中的修行真的很难,尤其跟伴侣一起生活。因为伴侣就像是双方的一面镜子,彼此把对方最不愿意看到的东西都照出来了。这个时候,夫妻双方最容易变得"无意识",最容易退化成无理取闹的小孩,最容易把一些深层的负面情绪带出来。即使是修炼个人成长的夫妻也是如此。

我曾经遇到一对台湾夫妻,男的是个人成长老师,他跟我说:"我上课很受学生欢迎,可是回到家和老婆吵架的时候,她就会说'你不是要学生去觉察自己的情绪吗?你自己怎么不做呢?你把你自己写的书再看一遍,把你跟学生说的话再对自己说一遍'云云。"我和老公闹别扭的时候,也会受到如此待遇。

怎么办？我建议夫妻双方在吵架时，要把对方当成小孩看待。无论是哪一方，能够有那么一刹那抽离吵架的过程，站出来看看，其实对方的吵闹、责问、质疑就像小孩子在无理取闹一样。这时，你就不会再纠缠于其中了。

跟孩子相处其实最简单，就是做你自己。孩子完全是能量的"雷达"，对家长的气场最为敏感。有些人会问："为什么一岁半的小孩那么爱发脾气？"原因很简单，问题在妈妈身上。妈妈很不快乐，妈妈有很多愤怒，这些情绪虽然没有向孩子表达，但是你身上带着这样的负面能量，所以孩子就会吸收。

每次讲到亲子教育，我就会说，我们可以读一本育儿的书，然后把育儿的所有技巧都学会，但是你做得出来吗？很难吧。所以最好的教育方式是，妈妈有一种平和、喜悦的心态。你自己处理好了跟自己的关系以后，跟孩子的关系就很容易处理，就很顺。那些不接受自己的家长，就会喜欢挑孩子的毛病。有些家长自己没有实现某些理想，就希望孩子去实现。这些都是不好的家庭教育方式。

很多妈妈在孩子出门上学的时候，都会千叮咛万嘱咐，不要做这个，不要做那个。这是因为妈妈们自己本身没有安全感，长时间这样，孩子就会越来越谨小慎微。你越是能接受自己，就越能接受孩子的天性，就越懂得信任和鼓励孩子，这样越容易把正向的能量和性格传递给孩子。

重遇
未知的自己

♡ **德芬的话**

我们一直在忽视"能量"这个东西。殊不知,人与人之间,尤其是亲密的家人之间,都是靠能量的交互作用在互动的。孩子的能量场比较开放,所以很容易受到大人的影响。别忘了,孩子之所以有偏差行为,是因为需求没有得到满足。所以,责任还是在我们大人。

有条件的爱不如不爱

什么样的父母是成功的？

成功的父母不是说他的孩子有多孝顺，多有出息，为你争了多大面子，带给你多少安慰。

如果用这种标准来衡量父母的成功的话，太本位主义了，这完全是从父母的观点来看"应该如何教养孩子"。

看到很多家长一心想要孩子出人头地，美其名曰"要他将来有出息"，但隐藏的深层含义可能是"为我争光，让我以你为荣，别让爸妈丢脸"，有的甚至是"我老了要靠你呢"。

这样的父母，让我想起那些养斗鸡的人。他们对自己养的鸡好得不得了，丰衣足食，细心照料，目的就是希望它上场的时候能够打赢别的鸡，好为养鸡的人挣钱或是争面子。如果养孩子有这样的动机在后面，真是孩子的灾难。难怪现在的孩子很多都不快乐。

这种把孩子当成自己的资产和所有物的父母，他们无意识的心声可能是：

重遇
未知的自己

我要你取得我不曾取得的成就;我要你在这个世界上扬眉吐气,我也可以借由你而扬名立万;不要让我失望,我为你牺牲了这么多;我对你的不以为意就是有意让你感到愧疚而且不舒服,这样你才会按照我的意愿行事。我当然知道什么对你是最好的,这点毋庸置疑。我爱你,而且会一直爱你,只要你做的是我认为对你有益的事情(参看艾克哈特·托尔的《新世界:灵性的觉醒》)。这是多么有条件的爱啊!

另外一种父母,也许对孩子没有这么高的期望,但是喜欢以成年孩子的喜怒哀乐来作为他们生活的依归,关心孩子过度,让自己的关心变成子女严重的心理负担。

我看到很多成人儿女,都已经四五十岁了,对他们的父母只敢报喜,不敢报忧。因为只要稍稍透露一点儿不好的消息,父母就开始大为紧张,问你一堆问题,时不时还打电话来追踪最新的情况。要不就是暗示你,他昨天晚上担心得睡不着,饭也吃不下,最爱看的电视剧都看不下去了……一直要你再三保证,这件事情一点儿问题都没有,他们才放过你。

我个人认为,成功的父母,应该是让儿女敢于跟你分享所有事情的父母,不担心你会批判他,有条件地爱他,或是惩罚性地不爱他;也不用担心你会因此加重他的负担,整天无来由地为他担心。

有一次,我儿子放学回来就躺在床上,我问他怎么了,他说不舒服。我没多问,就说那你休息吧。过了一会儿,他来到我的桌前,拿了一本家长联络簿给我看。老师在上面写着：你儿子今天在学校里和同学打架，骂粗口。请家长注意并签名。

我看后的第一个反应就是把他搂在怀里，关爱地说："哦，宝贝，你一定好伤心啊！"孩子立刻哭得泣不成声，我一直好言安慰他，告诉他，人生气的时候都会做一些自己平常不会做的事，你觉得自己做错了，去跟人家道歉就好，不要责怪自己了。

然后我回信给老师，说我儿子是个非常善良而且多愁善感的孩子，他的确有情绪管理方面的问题，希望老师不要太责怪他，多给他鼓励，我也会多加注意，并帮助他。（我一点儿也不觉得孩子让我丢脸了，这是很重要的！）

我第一个关心的焦点其实就是孩子的感受。他在学校做这种事，本身就已经够难过了，我要先安抚他的情绪。事情过后，我再问他一些细节，并且告诉他管理自己情绪的重要性和方法。

我曾经开玩笑地告诉我女儿："我希望你跟我分享所有的事情，即使是你怀孕了、吸毒了，我都可以接受，而且一如往常地爱你。"

我女儿骨碌碌地转着她的大眼睛，用一副小大人的口吻说："喀，对不起，妈咪，我在结婚前都不会怀孕，而且，我连抽烟都讨厌，更不会去吸毒。"

我笑着说："我知道，我知道，我只是希望你能够心安理得地跟妈咪分享你所有的事情。"

重遇
未知的自己

希望天下父母都能以孩子的感受优先,孩子有自尊心,除非受到打击或是压迫,否则他们本身就有奋发向上的动力,不要去打压他们。让孩子自然、快乐地成长,是吾所愿。

德芬的话

> 每个孩子其实都有两种最基本的需求:重要感和归属感。他们需要感受到自己的重要性,并且归属于家庭之中。如果这两个基本需求没有被满足,孩子会对周围的人、事、物,尤其是对自己,产生一些扭曲的价值判断,并建立一些决定性的信念。而这些价值判断和信念,会影响他们的一生。

安住在眼前这一刻

——走进自己内心黑暗的地方,用爱去照亮它

看不见、摸不着的心理模式也许才是"搅局者"

◀ ⏸ ▶

很多夫妻起初的恩爱是真的,可惜被日常生活、长久相处、外界评断等各种问题破坏了,非常可惜。其中原因,我猜想可能是他们原生家庭的某些"心理模式"在从中作梗。

这些心理模式平常看不见、摸不着,可是在关键时刻,总是会出来搅局,破坏一桩看起来应该是非常美满的姻缘。

小玉和志雄是一对人人羡慕的情侣,小玉美丽聪颖有才华,志雄高大英俊有魅力,但是随着蜜月期的结束,两个人的争吵次数愈来愈多,严重影响感情的进展。

争吵的主要原因是志雄的占有欲比较强,常常吃小玉的醋,甚至时常"翻旧账",把小玉和他在一起之前的情史拿出来说事,让小玉无奈又委屈。

小玉认为自己比较忠贞,不太会和其他男人调情暧昧,虽然追求者还是很多,但是她都不假辞色,她不懂志雄到底在"作"什么。最后小玉带志雄去见一位心理咨询师,看看究竟是什么原因。

心理咨询师让志雄感受一下,究竟他对小玉的醋意是什么样的?

志雄说,他感到非常愤怒。

咨询师问他:"这个愤怒是针对什么?"

志雄想想:"对自己的愤怒,和对小玉的。"

咨询师追问:"愤怒什么?"

志雄再深入自己的内心探索,他发现,他的愤怒竟然是针对自己内在的无力感和无价值感,而对小玉的愤怒当然是"池鱼之殃",并不具备任何充足的理由。

咨询师:"你不想去感受无力感和无价值感是吗?"

志雄:"是的!我觉得自己很无聊,都是以前的事了,还拿出来生气,我对自己感到失望!"

咨询师:"其实你愤怒的原因并不是因为自己'很无聊',而是你很讨厌去面对自己的无力感和无价值感,所以并不是小玉,也不是那些男人,更不是你自己,对吗?"

志雄想了半天,咨询师让他放空头脑,深入到自己的感觉、情绪里面,也就是说,在身体的层面去感受这些情绪,在何处有什么样的感受。

志雄回答:"我感觉胸口很闷、很紧,胃部堵塞了,然后有一股无名火从腹部升起,要发作出来才舒服。"

咨询师说:"是的,很好,去感受它,和它在一起,不要被它骗了。这些情绪是小时候的一些情境造成的,当年的你缺乏足够的资源去面对，只能让大人来判定你'没用、无价值'，现在的你不一样了，你有足够的能力、空间和资源，去和这些感受在一起，看清它们。"

志雄点点头，慢慢地体会自己内在长久以来的"内耗战"。的确，志雄虽然事业做得不错，但是他的内心总是有一种莫名的自卑感，觉得自己"没有用"，这就是小时候被父母设下的"魔咒"，除非他用清醒的意识去面对，否则一辈子就要活在对自己不满意的痛苦折磨中。

咨询师建议志雄："你现在感受一下，你最讨厌的无力感和无价值感的情绪，在这些年来，是如何帮助你、带给你一些好处的？"

志雄很抗拒："它们只让我自我感觉非常不良好，哪有什么好处？我讨厌它们。"

咨询师摇摇头："不，它们的确为你带来了好处，你仔细想想，反转思考一下，从不同的角度来看它们在你生命中所处的地位。"

志雄说："我只看到因为这些感受，我很自卑，总觉得自己不好，但是因为我的确能干有才华，长相也讨好，所以我用傲慢的外表来掩饰我内心的自卑脆弱，最后带给我的，都是很不好的人际关系，大家觉得我狂妄、不好亲近。"

咨询师理解地点点头："是的，这也是我们抗拒自己内心负面情绪的一些副作用。"

他继续鼓励志雄："再想想，它们一定为你带来了什么好处。"

志雄冷静下来思索，最后说："好像，好像因为这两个情绪的

'追杀'，所以我成为一个非常勤奋上进的人，我喜欢学习各种技能，吸收各种知识，好让自己'有用'，也正因如此，我会的东西非常多，什么也都懂一点儿。是的！"

志雄有点儿兴奋："它们扩展了我的世界，让我努力地去提升自己，所以才能有今天的成就，造就了今日的我。"

"是啊！"咨询师满意地点点头，"所以，这对双胞胎情绪下次再来拜访你的时候，你可以不用对它们那么敌视了，要知道，它们是你小时候应对一些无能为力状况的最佳对策，可惜早已过期不适用了，可是它们还是忠心耿耿地守候着你。所以，现在面对它们时，你可以用自己的成熟和内心的资源（爱和自信）来抚慰它们，告诉它们你看到它们了，但是现在你不需要它们来服务你了，它们可以消停休息了。"

志雄领悟了："它们每次出现的时候，我就会想办法驱赶它们，或是对付外面引发它们的人、事、物，如果都做不到，我就会暴怒，也不知道在气什么。原来我就是不喜欢这种感受。"

咨询师说："是啊，所以，你要做的就是停止这种'它们一来就打或逃或冻结'的反应模式，多一点儿耐心和爱心给它们和自己。"

志雄想想："可是发脾气好像比较爽。"

咨询师："是啊，生气、愤怒可以给你一些虚假的力量感，好像你自己孔武有力，错的是对方。但是你也知道，怒气会伤害你爱的人，破坏你们的关系，最终，伤害到的是你自己。"

小玉在一旁忍不住插嘴:"是啊,你脾气那么大,我也很受伤的。"

咨询师最后说:"很多情侣就是为了无聊的小事一直吵架,吵来吵去没有一点儿建设性,而把感情愈吵愈淡了。这时候往往有一方想放弃,或是有一方会用出轨的方式来解决两个人日渐走远的感情,所以,每次吵完架以后的复盘很重要,需要做一些比较深度的挖掘。"

志雄问:"没有你这样帮我们,我们怎么做呢?"

咨询师回答:"首先,就是双方要有'探究自己'的意愿,愿意诚实地去面对自己行为当中有问题的地方,就像你,对小玉过往的情史吃醋、纠结,你自己知道这样不对,而且问题在自己身上,就会愿意深入去挖掘。"

志雄说:"有意愿也不见得挖得到那么久远的情绪模式啊?!"

咨询师:"意图足够强烈的话,一定就可以。前提是你足够爱小玉,珍惜这份感情,而且你诚实、有勇气,愿意去面对自己内在的黑暗面。"

小玉说:"对了!难怪有人说亲密关系是通往灵魂的桥梁,每一次的吵架都弥足珍贵,让我们能够走进自己内心黑暗的地方,用爱去照亮它。"

咨询师同意:"坚持是非常重要的,不甘愿白白吵架、生气、怄气,而是要把问题的症结搞清楚,借此让自己更加地通透、明理、成熟,这是亲密关系最重要的功能之一,可惜被太多人忽略了。"

志雄点头:"而且即使看到问题的根源,要能够做到改变自己的反应模式，也很不容易啊。下次我面对自己的无力感、无价值感的时候，也不敢保证会好好善待它们，没有任何负面反应。"

咨询师理解："是的，这是一个漫长的自我成长之路，你想想，你用这种方式面对它们这么几十年了，短短几天是改不过来的。虽然旅途漫长，但只要方向正确，你就是走在正途上，慢慢地，和这些负面感受相处而不采取过激反应的能力会愈来愈强，总有一天你会反客为主，能够掌控它们，而不是被它们奴役了。"

小玉拍手说："我觉得成长之路虽然辛苦，但是很值得。表面上志雄以后可能不会再为以前的事情和我吵架了，可是他得到的远远不止于此，他学会和这些负面感受相处之后，他和父母、朋友、事业之间的关系都会随之改变，真是太值了呀！"

志雄和小玉相视而笑，双手紧握，撒了一地的狗粮。

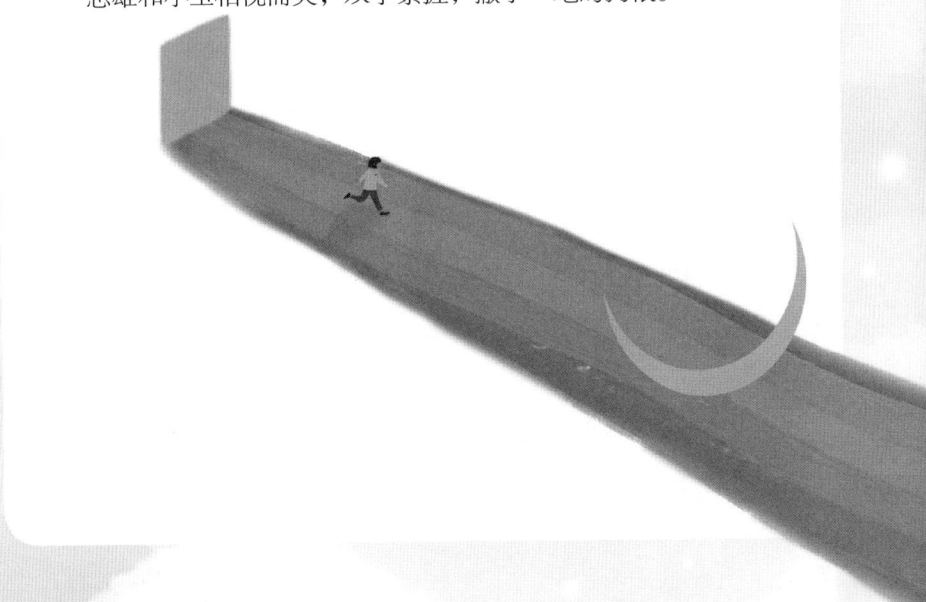

我要自由，我要做自己

◀ ⏸ ▶

生活中，有太多人处于"追求他人认同"的痛苦中，以至于失去了自己的生活自由和乐趣。但是，"不在意别人的评价"似乎又是一件非常困难的事情。所以如何摆脱寻求别人认同的痛苦，得到真正的自由呢？

有一本书叫作《被讨厌的勇气》，作者岸见一郎说："自由就是被别人讨厌。"他还说："（你被某人讨厌）是你行使自由以及活得自由的证据，也是你按照自我方针生活的表现。"是的，为了自由，我们需要有勇气，那就是——被讨厌的勇气。

书中最让我感动的一段描述如下："难道为了获得别人的认可就要一直从斜坡上滚落下去吗？难道要像滚落的石头一样不断磨损自己，直至失去形状变成浑圆吗？"是啊，多少时候，我们能够坚持做自己，不被外界所干扰呢？很难。所以，我们都需要"被讨厌的勇气"。

另外我很赞成书里的一句话："自卑感来自主观的臆造。"是啊，我们看到许多外表非常优秀杰出的人，有的时候竟然也有相当不自信的时刻或领域。

主观的臆造，决定了我们一生中多少事情。所以，"观念"非常重要，我们都需要培养自己的正知正见，让它们来"服务"你，而不是"宰制"你。

为了培养被讨厌的勇气，先要探究下"为什么我们会讨厌一个人"，然后再看看我们如何从中解套。

大家都知道心理学有一个名词叫作"投射"，通常我们讨厌一个人，是因为他展现出来的某些行为或特质是我们的阴影——也就是说，我们自己也有，但很不喜欢的部分，平常是被我们隐藏起来的。看到另外一个人居然如此光明正大地展现这些我们厌恶的特质，我们当然会对他反感。

当我们被讨厌的时候，对方很有可能只是在投射他自己的东西在我们身上，他选择了在我们身上看到自己不喜欢的特质；而另外一个人，很可能把我们的这个特质看成是优点、好处。

比方说，有些男人喜欢个性爽朗、直接，甚至有点儿豪迈的女人，因为他们自己可能是扭扭捏捏、举棋不定、瞻前顾后、模糊含蓄的人；有些男人不喜欢这样的女人，因为他们觉得这样的女人让他们有威胁感，感觉驾驭不住对方；也有些男人就是喜欢含蓄、矜持的内敛女子，感觉她们像一本深邃的书，永远无法一目了然地快速读完。

因此，对方不喜欢我们，是我们的错吗？当然不是，就是口味不对，你不是他的"菜"。一种米养百种人，我们真的不可能让每个人都喜欢我们,因为每个人的口味都不一样,他投射的阴影也自然不一样。

当然,之所以会讨厌一个人,也不见得都是投射的缘故,还有可能是,他侵犯了我们。

这个"侵犯",极有可能是利益上的,或是观念、立场的冲突,或是仅仅因为他的行为造成的一些后果让我们不爽而已,还有就是心理能量的冲撞,这种就很细微了。

当我们看到了讨厌人的理由,除了阴影投射(这个部分我们知道是无法控制的了),就是利益冲突。利益冲突除了对方实际造成你的损失(像挡人财路、破坏别人关系),还有一种是比较抽象的,那就是,对方让你的自我感觉不良好。

比方说,当我主张某种观念,而对方在微信群里居然公开和我唱反调,那我肯定要讨厌他。但是这里要注意,我们要是想做自己,让自

己自由地发声,就必须理解:有些人紧抱着自己的立场观念不放,你反对他的观点,就是在对他做出人身攻击。

如果碰到这种人讨厌我们的时候,我们要明白,对方其实蛮虚的,没有什么东西可以为自己的小我加分,所以那么一点儿意见宝贝得跟什么似的,就能体谅他会因此而讨厌我们,进而就不在乎他的讨厌了。

很多时候,每个人由于自己的立场不一样,就会对同一个议题有极为不同的看法。比方说,你外遇了,希望获得其他人的谅解,别人为什么要谅解你呢?

一方面,那些自己深受外遇之苦的人,看了你就要大张挞伐(意即大规模地进行武力讨伐)、除之而后快!另一方面,那些自己有外遇的人呢?他们会分成两种——一种是,如果他的外遇还没有人发现,他也不打算让人知道,那么他会跳出来骂你骂得最凶(阴影投射);另一种就是,那些自己外遇了、承认了的人,才会对你表示理解和同情。我们需要所有的人都接受我们吗?真的一点儿都不需要。这是事实。

我们还需要了解的事实就是,有些人真的很虚,他讨厌你,或是给你点赞,变成了他的一个权力工具,好像讨厌你就能让他自己更加有力量,反对你就会为他自己加分,这种人有必要去在意他们吗?

就像"取关"这两个字,常常让很多网民有一些权力感,被威

胁取关的人往往也会感觉不舒服。但是我们务实一点儿去看,你取关我,我少了什么呢?愿意关注的人还是会关注,不愿意关注的人走了也好,省得整天留一些负面评论看了烦心。有些人就是要靠骂人来获得快感,这类人也真的蛮可怜的,我们需要这样的人喜欢我们吗?

最后,我还想说的是,我们之所以那么在乎别人的评价,常常就是一种惯性而已,但这种惯性真的积习难改。

从小我们的父母就教会我们要看脸色,他们不高兴的时候我们就会胆战心惊,因为我们那么小,那么脆弱,大人可是攸关我们吃喝拉撒睡的人,不能得罪啊。这个习惯行之有年,已经成为我们性格当中根深蒂固的一部分了,想要改变,必须先学会观察自己的本领。

你要能够观察到,自己在看别人的脸色,或在意别人的评价时,身体上的那种难受的感觉,有些人甚至会觉得:如果别人不认同我,那种感觉就好像是快要死掉了一样。这时候,我们必须学会心一横:死掉就死掉,我心口再怎么痛,我再怎么喘不上气,也不要受你的意见绑架,我要自由,我要做自己,我要拥有被讨厌的勇气!

这样来来回回练习几次,你就会愈来愈熟练,慢慢地,这个惯性就可以改变过来了。所以,想要拥有被讨厌的勇气,我们先要具备正确的观念(就是我前面给大家分析的),知道其实每个人讨厌你、喜欢你是完全没有具体标准的,他们自己说了算,所以你无法取悦所有的人。

再来就是要学会和那个被讨厌的难过感受相处,知道它杀不死你,只是会让你惯性地难受而已。练习多了,你就逐渐拥有了"被讨厌的勇气",那么一个开挂的自由人生,就在前面等着你了。

© 中南博集天卷文化传媒有限公司。本书版权受法律保护。未经权利人许可，任何人不得以任何方式使用本书包括正文、插图、封面、版式等任何部分内容，违者将受到法律制裁。

图书在版编目（CIP）数据

重遇未知的自己：全新修订版 / 张德芬著 .
长沙：湖南文艺出版社，2025.6. -- ISBN 978-7-5726-2487-2

Ⅰ . B821-49
中国国家版本馆 CIP 数据核字第 2025ST3311 号

上架建议：心灵成长・励志

CHONG YU WEIZHI DE ZIJI: QUANXIN XIUDING BAN
重遇未知的自己：全新修订版

著　　著：	张德芬
出 版 人：	陈新文
责任编辑：	刘诗哲
监　　制：	邢越超
策划编辑：	李彩萍
特约编辑：	王玉晴
营销编辑：	文刀刀
封面设计：	利　锐
版式设计：	李　洁
插　　画：	珍妮吴 JW
出　　版：	湖南文艺出版社

（长沙市雨花区东二环一段 508 号　邮编：410014）

网　　址：	www.hnwy.net	
印　　刷：	天津联城印刷有限公司	
经　　销：	新华书店	
开　　本：	835 mm × 1270 mm　1/32	
字　　数：	182 千字	
印　　张：	8.25	
版　　次：	2025 年 6 月第 1 版	
印　　次：	2025 年 6 月第 1 次印刷	
书　　号：	ISBN 978-7-5726-2487-2	
定　　价：	56.00 元	

若有质量问题，请致电质量监督电话：010-59096394
团购电话：010-59320018